연산으로 다듬은 조각
인수

정규성 지음

아벨이
들려주는
인수분해 1
이야기

연산으로 다듬은 조각
인수

|주|자음과모음

수학자라는 거인의 어깨 위에서 보다 멀리, 보다 넓게 바라보는 수학의 세계!

수학 교과서는 대개 '결과'로서의 수학을 연역적으로 제시하는 경향이 강하기 때문에 학생들은 수학이 끊임없이 진화해 왔다는 생각을 하기 어렵습니다. 그렇지만 수학의 역사는 하나의 문제가 등장하고 그에 대해 많은 수학자들이 고심하고 이를 해결하는 가운데 새로운 아이디어가 출현해 온 역동적인 과정입니다.

'**연산으로 다듬은 조각, 인수**'는 수학 주제들의 발생 과정을 수학자들의 목소리를 통해 친근하게 이야기 형식으로 들려주기 때문에 학생들이 수학을 '과거 완료형'이 아닌 '현재 진행형'으로 인식하는 데 도움이 될 것입니다.

학생들이 수학을 어려워하는 이유 중 하나는 '추상성'이 강한 수학적 사고와 '구체성'을 선호하는 학생의 사고 사이에 존재하는 간극이며, 이런 간극을 줄이기 위해서 수학의 추상성을 희석시키고 개념과 원리의 설명에 구체성을 부여하는 것이 필요합니다. 이 책은 수학 교과서의 내용을 생동감 있게 재구성함으로써 추상적인 수학을 구체성을 갖는 수학으로 변모시키고 있습니다. 또한 중간중간에 곁들여진 수학자들의 에피소드는 자칫 무료해지기 쉬운 수학 공부에 윤활유 역할을 해 줄 것입니다.

이 책의 구성을 보면 우선 수학자의 업적을 개략적으로 소개하고, 6~9개의 강의를 통해 수학 내적 세계와 외적 세계, 교실 안과 밖을 넘나들며 수학의 개념과 원리들을 소개한 후 마지막으로 강의에서 다룬 내용들을 정리합니다.

이런 책의 흐름을 따라 읽다 보면 각 시리즈가 다루고 있는 주제에 대한 전체적이고 통합적인 이해가 가능하도록 구성되어 있습니다. '연산으로 다듬은 조각, 인수'는 학교 수학 교과 과정과 긴밀하게 맞물려 있으며, 수학자들이 들려주는 수학 이야기를 통해 학교 수학의 많은 내용들을 다룹니다. 예를 들어 라이프니츠가 들려주는 기수법 이야기에서는 수가 만들어진 배경, 원시적인 기수법에서 위치적 기수법으로의 발전 과정, 0의 출현, 라이프니츠의 이진법에 이르기까지를 다루고 있는데, 이는 중학교 수학의 기수법 내용을 충실히 반영합니다. 따라서 '연산으로 다듬은 조각, 인수'를 학교 수학 공부와 병행하면서 읽는다면 교과서 내용의 소화 흡수를 도울 수 있는 효소 역할을 할 수 있을 것입니다.

홍익대학교 수학교육과 교수 |《수학 콘서트》저자 박경미

세상 진리를 수학으로 꿰뚫어 보는 맛
그 맛을 경험시켜 주는 '인수분해1' 이야기

금강산 찾아가자 일만이천봉

볼수록 아름다고 신기하구나

철따라 고운 옷 갈아입는 산

이름도 아름다워 금강이라네 금강이라네~♬

    우리에게 잘 알려진 〈금강산〉의 노래 가사입니다. 얼마나 아름다운 산이기에 이렇게 많은 사람들에게 사랑을 받을까 잠시 생각해 봅니다.

    금강산은 계절에 따라 산 이름도 같이 변합니다. 봄에는 금강산, 여름에는 봉래산, 가을에는 풍악산, 겨울에는 개골산입니다. 갑자기 학창 시절 정비석의 《산정무한》이라는 기행문의 금강산 이야기가 떠오릅니다. 계절에 따라 불리는 산의 이름을 외워야 하는데 무조건 외우기에 힘이 벅찬 우리들에게 이무섭 선생님이 이렇게 말씀하셨습니다.

    제군들!

    봄에는 그냥 잘 알려진 금강산!

여름에는 남편이 부인을 부를 때 '여보옹.' 하고 부르지? 그래서 봉래산!

가을에는 가을 풍경이 매우 멋지지! 그래서 풍악산!

겨울에는 개구리가 겨울잠을 자러 땅속으로 가지! 그래서 개골산!

이렇게 기억하고 있으면 아마 제군들은 평생토록 잊지 않고 기억할 걸?

정말이지 금강산의 사계절 산 이름은 잊어 본 적이 없는 것 같습니다. 선생님의 가르침이 얼마나 중요한지를 새삼 느끼게 합니다. 하지만 어디인지 모르게 허전함을 느끼는 것은 왜 그럴까요? 아마도 그것은 이 책에 나오는 내용들도 학생들에게 〈금강산〉의 노래 가사처럼, 혹은 금강산의 사계절처럼 좋은 추억으로 평생 기억하고 있기를 바라는 마음이 아닐까 생각됩니다.

'수학이라는 단어가 속해 있는 모든 제목들을 사람들이 좋은 추억으로 평생 기억하고 있다면?' 상상만 해도 기쁘고 즐겁습니다. 하지만 반대라면 얼마나 슬프고 괴로울까요?

우리나라는 사계절이 뚜렷한 나라입니다. 금강산이 지나면 봉래산이 기다릴 것이고 다음에는 풍악산과 개골산이 주기적으로 기다릴 것입니다. 자연의 법칙이 보여 주는 아름다움을 여러분들이 알고 있는 수학에서도 많이 찾아볼 수 있답니다.

흔히 수학이라고 하면 계산하기 위한 도구로 밖에 생각하지 않는 사람들이 있습니다. 수학은 정확한 계산뿐만 아니라 자연의 법칙에서도 적용되고 논리적이고 창의력이 필요한 부분에도 반드시 필요합니다. 추상적인 학문이라고,

눈으로 직접 확인할 수 없다고, 배워 봐야 써먹지 못하는 학문이 아니라, 우리 눈에는 보이지 않지만 없어서는 안 될 공기와도 같은 존재가 바로 수학이라고 생각됩니다. 특히 인수분해 부분은 우리 주변 생활에 적용되는 부분이 있음에도 불구하고 일반적으로 많은 사람들이 인식하지 못하고 있습니다. 따라서 학생과 일반인에게 꼭 필요한 수학을 조금이나마 인식시켜 주고 우리 주변에 있는 수학적인 요소들을 좀 더 쉽고 재미있게 전달하여 〈금강산〉의 노래 가사에 나오는 금강산의 사계절처럼 여러 사람들에게 오래도록 기억되길 바라는 마음으로 집필했습니다.

마지막으로 원고를 꼼꼼하게 챙겨 준 자음과 모음 사장님과 편집부에게 진심으로 감사드리고 항상 늦은 시간에도 글을 쓰는 나를 위해 뒷바라지해 준 사랑하는 아내와 재진이 재호가 있어 항상 행복합니다.

정 규 성

차례

1 이 책은 달라요

《연산으로 다듬은 조각, 인수》는 인수분해의 정의를 이해하고 소인수분해, 공통인수, 치환, 내림차순, 완전제곱식 등을 이용하여 다항식에서의 인수분해를 할 수 있게 합니다. 퍼즐과 칠교판, 색종이를 이용한 학습은 인수분배를 더욱 쉽고 재미있게 이해할수 있도록 도움을 줍니다. 특히 색종이를 이용한 인수분해가 다양하게 제시되어 청소년들이 자주 활용할 수 있고, 역사 속의 이야기를 통하여 인수분해가 예전부터 활용되었음도 알려줍니다. 아벨 선생님과 함께 수업하면서 일반적인 다항식에서의 인수분해뿐만 아니라 복잡한 다항식에서의 인수분해까지 해결할 수 있습니다. 또한 인수분해를 실생활에서 접하게 되는 다양한 상황에 적용시켜 보다 자세하게 알려 줍니다.

2 이런 점이 좋아요

① 인수분해 하는 과정에서 적용되는 여러 가지 수학적 성질을 통하여 체계적으로 정리하는 논리성을 키울 수 있고, 앞서 배운 곱셈공식과의 관계를 쉽게 이해할 수 있습니다.

② 중학생과 고등학생을 위해 수업 시간에 배우는 모든 정의 및 정리와 같은 내용들이 자세하게 설명되어 있습니다. 특히 색종이를 이용한 인수분해는 도형과도 연관시킬 수 있고 공간 지각 능력도 향상시킬 수 있는 방법입니다. 그리고 교과서에서 다루지 않는 수학자의 에피소드도 제시하고 있습니다.

3 교과 연계표

학년	단원(영역)	관련된 수업 주제 (관련된 교과 내용 또는 소단원 명)
초등 5학년, 6학년	수와 연산	약수와 배수
	측정	다각형의 둘레와 넓이
	도형	직육면체, 직육면체의 겉넓이와 부피
중등 전 학년	수와 연산	소인수분해
	변화와 관계	문자의 사용과 식, 식의 계산, 다항식의 곱셈과 인수분해, 이차방정식
고등 1학년	다항식	다항식의 연산, 항등식과 나머지정리, 인수분해
	방정식과 부등식	이차방정식, 여러 가지 방정식

4 수업 소개

1교시 수업_인수분해란?

인수란 무엇인지 이해하고 자연수의 성질인 소인수분해를 이용하여 인수를 찾습니다. 다항식의 인수분해도 알아봅니다.

- **선행 학습** : 인수, 소인수분해, 단항식, 다항식, 인수분해
- **학습 방법** : 인수의 정의를 이해하고 칠교판을 이용하여 정사각형의 넓이를 구해 봅니다. 소인수분해를 이용하여 인수를 찾듯이 다항식을 인수분해 하여 인수분해와 소인수분해와의 관계를 비교해 봅니다.

공통인수를 이용한 인수분해

다항식에서의 공통인수를 이용하여 인수분해 할 수 있는지 자세히 알아
봅니다.

- 선행 학습 : 단항식의 공통인수, 다항식의 인수분해
- 학습 방법 : 공통인수의 정의를 이해하고, 공통인수를 이용하여 다항
  식에서의 인수분해를 해 봅니다.

완전제곱 및 합과 차의 곱으로 된 인수분해

다항식을 완전제곱식 또는 일차식의 제곱 꼴로 변형하고, 합과 차의 곱
으로 인수분해 되는 다항식에 대해 공부합니다.

- 선행 학습 : 완전제곱식, 분배법칙, $a^2 \pm 2ab + b^2 = (a \pm b)^2$,
  $a^2 - b^2 = (a+b)(a-b)$
- 학습 방법 : 직사각형 모양의 색종이를 정사각형으로 만들어 넓이를
  구하는 과정을 살펴보고, 다항식을 완전제곱 형태로 인수분해 할 수
  있도록 학습합니다.

합과 곱을 이용한 인수분해

이차다항식을 두 수의 합과 곱의 형태로 변형하여 인수분해 하는 방법
에 대해서 알아봅니다.

- 선행 학습 : 두 수의 합과 곱을 이용한 인수분해 공식

$$x^2+(a+b)x+ab=(x+a)(x+b)와$$

$$acx^2+(ad+bc)x+bd=(ax+b)(cx+d)의 유도$$

- **학습 방법** : 칠교판이나 색종이를 가지고 직사각형이나 정사각형 모양으로 만들어 면적을 구해 보고, 이것을 다항식에 적용하여 두 수의 합과 곱으로 변형시켜 인수분해 하는 방법들을 탐구해 봅니다.

5교시 복잡한 다항식의 인수분해

복잡한 다항식을 인수분해 하기 위해 주어진 식을 치환하거나 또는 내림차순으로 정리하는 과정들을 익힙니다.

- **선행 학습** : 다항식의 치환, 내림차순 정리 후 인수분해
- **학습 방법** : 칠교판이나 색종이를 정사각형이나 직사각형으로 변형하여, 복잡한 다항식을 단순화시키기 위하여 치환하거나 내림차순으로 정리하여 인수분해 하는 과정을 배웁니다.

6교시 세 항 이상의 완전제곱식과 고차식의 인수분해

복잡한 다항식은 세 항 이상의 완전제곱식으로 인수분해 하고, 삼·사차식복이차식의 다항식은 인수분해 공식이나 치환하여 인수분해 합니다.

- **선행 학습** : 세 항 이상의 완전제곱식, 삼차식의 인수분해, 사차식복이차식의 인수분해

$$a^2+b^2+c^2+2ab+2bc+2ca=(a+b+c)^2,$$

$$a^3 \pm 3a^2b + 3ab^2 \pm b^3 = (a \pm b)^3, \quad a^3 \pm b^3 = (a \pm b)(a^2 \pm ab + b^2)$$

- **학습 방법** : 다항식이 세 항 이상의 완전제곱식으로 표현되는지 확인하고, 삼차식의 인수분해는 정육면체의 부피를 구하는 과정과 연계시켜 익힙니다. 사차식복이차식의 인수분해는 치환하여 인수분해하도록 합니다.

7교시 인수분해의 활용

인수분해 공식들을 활용하여 실생활에 적용되는 다양한 문제들을 해결할 수 있습니다.

- **선행 학습** : 인수분해 공식의 활용
- **학습 방법** : 인수분해 공식을 실생활에 적용하여 주어진 문제 상황을 해결해 봅니다.

아벨을 소개합니다

Abel, Niels Henrik (1802~1829)

5차 이상의 방정식은 대수적으로 풀 수 없음을 증명하였으며, '타원 함수론', '아벨 적분론' 등을 발표하였습니다.

후에 나의 탄생 200주년을 기념하는 뜻에서 나의 이름을 딴 아벨상Abel Prize도 제정되었습니다.

여러분, 나는 아벨입니다

- -

안녕하세요? 내 이름은 아벨이라고 합니다. 많이 들어 보았나요? 앞으로 수학에 관심이 많거나 수학을 공부하는 사람들은 내 이름을 자주 접하게 된답니다.

나는 1802년 8월 5일, 노르웨이에서 태어났습니다. 나의 집안은 노르웨이의 대를 이어 온 목사 집안이었습니다. 하지만 내가 태어났을 당시 노르웨이는 영국과 오랜 전쟁을 하여 경제가 매우 어려웠습니다. 아버지는 목사이셨고 우리 집안 생활은 매우 어려웠지만 1815년에 오슬로의 중학교에 갈 수 있었습니다. 중학교에 진학하여 홀름보에B. M. Holmboe 선생님으로부터 수학을 배우게 되었는데 선생님은 나에게 열정을 갖고 선생님이 알고 계시는 모든 수학적 지식을 가르쳐 주셨습니다. 나 또한 선생님의 기대와 헌신적인 노력으로 수학에 많은 관심을 갖고 오일러, 라그랑주, 라플라스, 가우스 등 위대한 수학자들의 책을 읽었습니다. 만약 그때 홀름보 선생님을 만나지 않았다면 난 훌륭한 수학자로 불리지 않는 평범한 삶을 살았을 것입니다.

18세 때 크리스티아니아 대학에 입학하여 본격적으로 수학을 전공했고 20세1822년에 대학을 졸업했습니다. 내가 중학교부터 줄곧 생각하고 있었던 문제가 하나 있었는데, 그것은 바로 오차방정식 문제였습니다. 일차방정식은 이집트와 바빌로니아인들에 의해서 연구되었고, 이차방정식은 인도인들에 의해 연구되었으며, 삼차방정식과 사차방정식은 이탈리아인들에 의해 연구되었기 때문에 다른 방정식의 일반적인 해법은 이미 발견되어 있었습니다. 이탈리아의 수학자들은 오차방정식의 해법도 많이 연구했지만, 어떠한 연구 결과도 말하지 못했습니다. 그래서 나는 대학에 입학한 해부터 오차방정식의 해법을 발견하겠노라 생각했고, 대학을 졸업한 지 2년 후인 1824년에《오차의 대수방정식을 풀 수 없다는 것을 증명한 어떤 대수방정식에 대한 연구 보고》라는 작은 책자를 출판했습니다. 또한 타원 함수론, 적분 방정식을 연구하여 대수 함수론의 기본 정리인 '아벨의 정리'를 발표하였습니다. 나는 1825년에 베를린으로 유학하여 '초월함수'에 관한 논문을 파리 학사원에 제출했습니다.

'아벨의 적분積分', '아벨의 정리', '아벨 방정식', '아벨군群' 등은 현재에도 사용되고 있는 여러 수학 용어 속에 포함되어 있습니다. 후에 나의 탄생 200주년을 기념하는 뜻에서 2002년 1월 노르웨이 학술원에서 아벨상Abel Prize을 제정했답니다.

아벨상은 매년 순수·응용수학 분야의 심도 있고 영향력 있는 연구 성과에 수여되는데 연령에 관계없이 매년 1명에게 주어지는 것이 원칙이나, 여러 사람이 서로 밀접하게 관련된 큰 성과를 낸 경우 공동으로도 받을 수 있다고 합니다. 수상자는 매년 4월에 공표되고, 6월에 시상하며, 상금은 제정 당시 노르웨이 화폐로 600만 크로네약 73만 유로입니다. 여러분들도 아벨상Abel Prize에 도전해 보세요!

안녕하세요? 나는 1802년 8월 5일 노르웨이에서 태어난 수학자 아벨이라고 합니다.

나는 가난한 목사의 아들로 태어나 공부를 하기에도 어려운 형편이었습니다.

하지만 내 재능을 인정해 준 홀름보에 선생님을 중학교에서 만날 수 있었죠.

아벨! 내가 도움을 줄 테니 너는 열심히 공부만 하면 돼.

선생님 감사합니다.

오일러, 라그랑주, 라플라스, 가우스 등 훌륭한 수학자들이 쓴 책이니 읽어 보렴.

나도 이분들처럼 훌륭한 수학자가 되고 싶습니다.

대학까지 진학했으니 어려운 수학적 과제에 도전해 보는 거야.

일차방정식은 이집트와 바빌로니아인들에 의해서 연구되었고, 이차방정식은 인도인들에 의해 연구되었고

삼차방정식과 사차방정식은 이탈리아인들에 의해 연구되었으니까 나는 오차방정식에 도전해 보는 거야.

드디어 알아냈다. 오차방정식은 절대 풀어낼 수 없어.

《어떤 대수방정식에 대한 연구 보고》라는 책으로 발표를 하자.

이후 나는 유럽의 여러 나라들에서 연구하며 많은 수학 논문을 발표했습니다.

연산으로 다듬은 조각, 인수

아직 연구해야 할 수학 과제가 많아.

쿨럭 쿨럭

아벨! 자네가 발표한 논문들이 여러 수학자들에게 크게 인정받기 시작했어.

베를린대학

아벨 씨를 우리 베를린대학의 교수로 초빙해야겠어. 어서 초대장을 보내게.

네.

하지만 나는 초대장을 받기 이틀 전인 1829년 4월 6일에 젊은 나이에 세상을 떠나고 말았답니다.

2002년 1월 노르웨이 학술원

올해는 젊은 나이에 세상을 떠난 천재 수학자 아벨 탄생 200주년입니다.

그를 기리기 위해 아벨상을 제정합니다.

여러분, 수학을 열심히 공부하셔서 아벨상을 받기 바라요.

아벨의 개념 체크

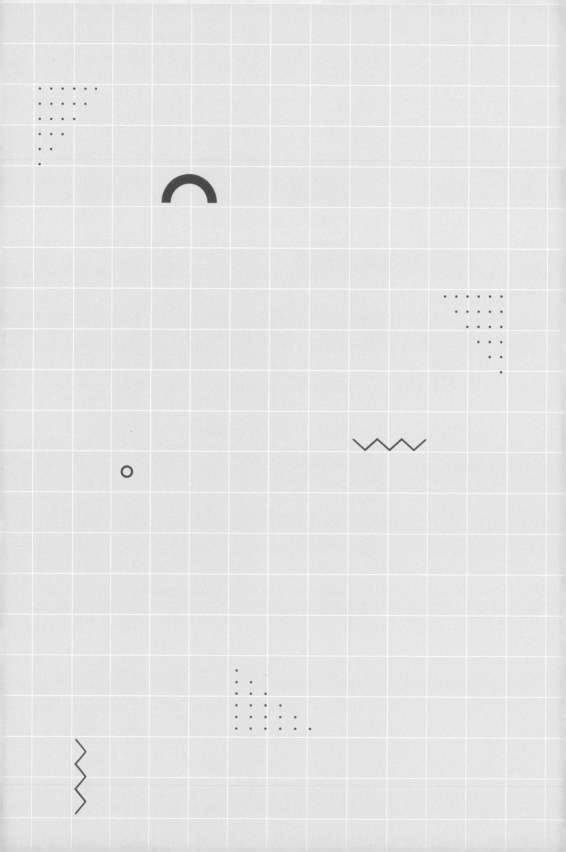

인수분해란?

소인수분해를 이용하여 인수를 찾고,
다항식의 인수분해에 대하여 알아봅시다.

1. 소인수분해 하여 인수를 찾을 수 있도록 합니다.
2. 인수분해의 정의에 따라 다항식을 인수분해 할 수 있습니다.

미리 알면 좋아요

1. 소인수분해 소수 이외의 수를 소수의 곱 모양으로 표현하는 것.

예를 들어, 컴퓨터에서는 본체, 모니터, 프린터기, 키보드, 스피커 등을 말합니다. 이와 같이 하나의 숫자도 여러 숫자의 곱으로 나타낼 수 있답니다. 10이라는 숫자는 소수 2와 5의 곱으로 나타낼 수 있습니다. 여기서 1, 2, 5, 10을 10의 인수라고 합니다.

2. 합성수 소수가 아닌 수로 1과 그 수 자신 이외의 약수를 갖는 수.

예를 들어, 4, 8, 9, 10, 12, ……와 같은 합성수는 모두 한 번은 소인수분해 할 수 있습니다.

아벨의
첫 번째 수업

오늘은 인수분해에 대하여 알아보겠습니다.

여러분들은 여러 개의 퍼즐 조각을 이용하여 멋있는 그림을
만들어 본 적이 있을 것입니다. 흩어져 있는 여러 개의 퍼즐을
색깔별로 혹은 비슷한 무늬별로 혹은 귀퉁이를 차지하고 있는
모양끼리 모은 후에 하나하나 맞추어 끼웠던 기억이 있을 것입
니다. 아무리 복잡하고 많은 퍼즐이 있다 해도 완성 후에는 멋

진 모양으로 변합니다. 수학에서도 퍼즐과 같이 잘 정리한 후 문제를 해결하면 쉽게 풀 수 있는 경우가 많습니다.

우리가 흔히 접할 수 있는 직사각형 모양 또는 정사각형 모양의 색종이 두 개를 서로 합하여 새로운 직사각형이나 정사각형을 만들어 볼까요?

가로와 세로의 길이가 각각 2cm, 3cm인 직사각형 모양의 색종이와 가로와 세로의 길이가 각각 4cm, 3cm인 직사각형 모양의 색종이를 합하여 새로운 직사각형을 만들어 보면 가로, 세로의 길이가 얼마인 직사각형이 만들어질까요? 퍼즐 문제를 잘 푸는 재호가 대답해 볼까요?

"선생님, 그건 저도 대답할 수 있어요."

알겠어요. 진호가 대답해 보세요.

"가로의 길이는 6cm이고 세로의 길이는 3cm인 직사각형 모양이 됩니다."

잘 대답하였습니다. 그렇다면 두 직사각형을 합하기 전의 넓이와 두 직사각형을 합한 후의 넓이의 변화는 어떻게 되는지 계속해서 설명해 볼까요?

"그건, 잘 모르겠습니다."

"처음 두 직사각형의 넓이는 각각 $6cm^2$, $12cm^2$이고 두 직사각형을 합한 직사각형의 넓이는 $18cm^2$로 전체 직사각형의 넓이에는 변화가 없습니다."

그렇습니다. 처음 두 직사각형의 넓이와 합한 넓이는 항상 같습니다. 이와 같이 두 개의 직사각형을 합하면 하나의 직사각형으로 나타낼 수 있고, 넓이를 비교해 보면 서로 같습니다.

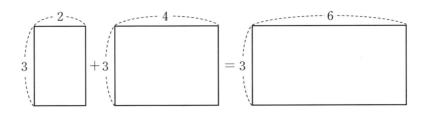

칠교판을 이용한 칠교놀이도 이와 비슷합니다. 7개의 조각으로 다양한 모양을 만들었을 때, 다양한 모양의 넓이를 구할 수 있을까요?

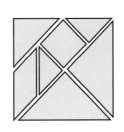

어떤 방법이 있을지 생각해 보세요!

다양한 모양의 넓이를 구하기가 쉽지 않죠?

하지만 7개의 조각을 정사각형 모양으로 만들면 넓이를 쉽
게 구할 수 있습니다. 처음부터 정사각형의 넓이라는 사실을
알고 보면 쉽지만 그렇지 않고서는 무척 힘들겠죠?

복잡하게 표현된 다각형을 정사각형이나 직사각형 모양으로
변형시키면 넓이를 쉽게 구할 수 있듯이 복잡한 숫자나 식도
숫자끼리 또는 일정한 식끼리 모으면 쉽게 문제를 해결할 수

있습니다. 이 방법에 대하여 알아보겠습니다.

먼저 6이라고 하는 숫자를 두 개의 양의 정수의 곱으로 표현
해 보면 어떻게 될지 재진 양이 대답해 볼까요?
"$6 = 1 \times 6 = 2 \times 3$입니다."

잘 대답했습니다. 그렇다면 양의 정수에서 위의 식 이외에 또
다른 식이 있을까요? 아니면 없을까요?
"양의 정수에서는 없는 것 같습니다."
그렇습니다. 양의 정수에서는 위의 것 이외에는 더 이상 없습
니다. 즉, 두 수를 곱해서 6이 나오는 수 1, 2, 3, 6을 6의 인수라
고 합니다.

그렇다면 다른 수는 어떻게 될지 좀 더 다양한 수를 살펴볼
까요?

$10 = 1 \times 10 = 2 \times 5$

$45 = 1 \times 45 = 3 \times 15 = 5 \times 9$

$$100 = 1 \times 100 = 2 \times 50 = 4 \times 25 = 5 \times 20 = 10 \times 10$$

$$\vdots$$

10의 인수는 무엇인지 이번에는 재호가 대답해 볼까요?

"1, 2, 5, 10입니다."

그렇습니다. 다음으로 선숙이 45의 인수에 대하여 대답해 볼까요?

"음, 1, 3, 5, 9, 15, 45입니다."

잘 대답했습니다. 모두들 인수에 대하여 잘 알고 있는 것 같군요!

이번에는 좀 더 큰 수로 해 볼까요?

100의 인수는 무엇인지 재홍이가 대답해 보세요!

"1, 2, 4, 5, 10, 20, 25, 50, 100입니다."

재홍이까지 모두 잘 알고 있네요.

지금까지는 한 숫자를 두 수의 곱으로 표현했는데 조금 더 확장하여 세 수의 곱으로 나타내 보겠습니다.

먼저 10, 45, 100의 숫자를 두 수의 곱이 아닌 세 수의 곱으로 표현해 볼까요?

$$10 = 1 \times 1 \times 10 = 1 \times 2 \times 5$$

$$45 = 1 \times 1 \times 45 = 1 \times 3 \times 15 = 1 \times 5 \times 9 = 3 \times 3 \times 5$$

$$100 = 1 \times 1 \times 100 = 1 \times 2 \times 50 = 1 \times 4 \times 25 = 1 \times 5 \times 20$$

$$= 1 \times 10 \times 10 = \cdots\cdots$$

$$\vdots$$

위와 같이 한 숫자를 세 수의 곱으로 표현했을 때 인수를 찾아봅시다.

10의 인수는 무엇인지 윤주가 대답해 볼까요?

"1, 2, 5, 10입니다."

45의 인수는 무엇인지 덕호가 대답해 볼까요?

"1, 3, 5, 9, 15, 45입니다."

100의 인수는 무엇인지 용선이가 대답해 볼까요?

"1, 2, 4, 5, 10, 20, 25, 50, 100입니다."

모두 잘했는데요. 특히 큰 숫자는 여러 인수의 곱으로 표현이 되므로 소인수분해를 이용하여 인수를 찾는 것이 무척 효율적입니다. 여기서 소인수분해란 합성수를 소수의 곱 모양으로 표현하는 것을 말하며 합성수라는 것은 소수 이외의 수를 말합니다.

소인수분해를 이용하여 인수를 찾아볼까요?

10, 45, 100을 소인수분해 하면 어떻게 되는지 청숙이가 대답해 볼까요?

"$10 = 2 \times 5$

$45 = 3^2 \times 5$

$100 = 2^2 \times 5^2$

입니다."

그래요. 10의 인수는 소인수분해 한 것이 2와 5이므로 1, 2, 5, 10이 10의 인수입니다. 1과 자기 자신의 숫자는 항상 인수에 포함된다는 것 잊어서는 안 되겠죠?

45의 인수는 소인수분해 한 것이 3^2과 5이므로 3^2의 인수인 1, 3, 9와 5의 곱으로 표현 가능한 숫자인 1, 3, 5, 9, 15, 45가 45의 인수입니다. 조금은 복잡하죠?

100의 인수도 같은 방법으로 찾으면 됩니다. 여러분들이 각자 한번 해 보세요.

100의 인수를 찾아볼까요?

1과 자기 자신의 숫자는 항상 인수에 포함되니까 1과 100은 무조건 100의 인수예요.

두 수를 곱해서 100이 나오는 수들을 찾으니 1, 2, 4, 5, 10, 20, 25, 50, 100입니다.

소인수분해를 이용해 인수를 찾으면 더욱 쉽습니다.

$100 = 2^2 \times 5^2$입니다.

이와 같이 하나의 양의 정수를 두 개 이상의 양의 정수로 이루어진 곱의 꼴로 나타내어 인수를 쉽게 찾을 수 있습니다.

다항식의 인수분해

이번에는 숫자가 아닌 식으로 표현된 것에 도전해 봅시다. 바로 다항식을 인수분해 해 볼까요? 다항식이란 단항식 또는 단항식의 합으로 나타낸 식을 말하며 단항식이란 문자나 숫자의 곱으로만 나타낸 식을 말합니다.

앞에서 배운 인수를 다항식에 활용해 보도록 하겠습니다.

$3xy$의 인수는 무엇인지 재우가 대답해 볼까요?

"$1, 3, x, y, 3x, 3y, xy, 3xy$입니다."

이번에는 x^2y의 인수는 무엇인지 시현이가 대답해 볼까요?

"$1, x, y, x^2, xy, x^2y$입니다."

역시 인수에 대하여 두 학생은 잘 이해하고 있군요!

그렇다면 좀 더 복잡한 식의 인수를 찾아볼까요?

$x(y+z)$의 인수는 무엇인지 수학에 관심이 많은 지영이가 대답해 볼까요?

"$1, x, (y+z), x(y+z)$입니다."

역시 수학자답네요.

이번에는 $x(x+1)(x+2)$의 인수는 무엇인지 수학 박사 재호가 대답해 볼까요?

"$1, x, (x+1), (x+2), x(x+1), x(x+2), (x+1)(x+2),$

$x(x+1)(x+2)$입니다."

어렵다고 생각했는데 역시 잘 대답했습니다.

이와 같이 양의 정수에서 인수를 찾는 것과 마찬가지로 하나의 다항식을 두 개 이상의 단항식이나 다항식의 곱의 꼴로 고치는 것을 인수분해 한다고 하고, 각각의 식을 정수에서와 마찬가지로 처음 식의 인수라고 합니다.

이제 인수분해가 무엇인지 정확히 알겠죠?

이제 우리가 배운 것을 이용하여 다항식 x^2+3x+2를 인수분해 해 보겠습니다.

$(x+1)(x+2)=x^2+3x+2$에서 다항식 x^2+3x+2를 인수분해 한 것이 $(x+1)(x+2)$이고, $(x+1)(x+2)$를 전개한 것이 x^2+3x+2입니다. 결국 인수분해 한 것과 전개한 것이 서로 같습니다. 다른 예도 마찬가지입니다.

$(x+3)(x-3)=x^2-9$에서 다항식 x^2-9를 인수분해 한 것이 $(x+3)(x-3)$이고, $(x+3)(x-3)$을 전개한 것이 x^2-9입니다.

인수분해와 소인수분해와의 관계

구구단을 외자!

구구단을 외자!

$2 \times 8 = 16$

$9 \times 9 = 81$

$\vdots$

구구단을 이용한 게임입니다. 곱셈을 잘하려면 구구단을 기억하고 있으면 좋겠죠? 그런데 구구단을 모르면 곱셈을 못할까요? 그렇지는 않겠죠? 구구단은 곱셈을 하는 과정을 빠르고 정확하게 계산하도록 도와줍니다. 하지만 천천히 곱셈을 해도 틀리지 않겠죠?

자! 그러면 소인수분해가 무엇인지 수학 박사 재호가 대답해 볼까요?

"소수의 거듭제곱으로 나타내는 것을 소인수분해라고 합니다."

그렇습니다. 합성수를 소인수들만의 곱거듭제곱으로 나타내는 것을 소인수분해라고 합니다. 예를 들어 100은 $100 = 2^2 \times 5^2$와 같이 소인수분해 할 수 있습니다. 합성수는 모두 한 번은 소인수분해 할 수 있습니다. 물론 소인수분해 될 때 1은 제외됩니다. 여기서 합성수라는 것은 소수 이외의 수를 말합니다.

그렇다면 인수분해와 소인수분해는 밀접한 관계가 있을까요? 있을 것 같기도 하고 아닌 것 같기도 한데……. 정확한 의미를 알아볼까요?

앞에서 인수분해를 무엇이라고 배웠는지 기억하나요?

"하나의 다항식을 두 개 이상의 단항식이나 다항식의 곱의 꼴로 고치는 것을 인수분해라고 합니다."

그렇죠! 잘 대답했습니다.

소인수분해란 위에서 정의했듯이 '합성수를 소인수들만의 곱거듭제곱으로 나타낸 것'을 말합니다.

따라서 인수분해를 할 때, 소인수분해를 활용하면 매우 효율적으로 인수분해를 할 수 있겠죠?

인수분해는 후에 방정식의 근을 구할 때, 또는 부등식의 해를 구할 때 매우 중요하게 쓰입니다.

그러면 이제부터 인수분해에 대하여 한 단계씩 공부해 볼까요?

수업 정리

❶ 인수는 소인수분해 하여 찾을 수 있습니다.

❷ 다항식을 인수분해 한 것을 전개하면 다항식이 됩니다.

❸ 색종이나 칠교판을 이용하여 인수분해와 연관시켜 봅니다.

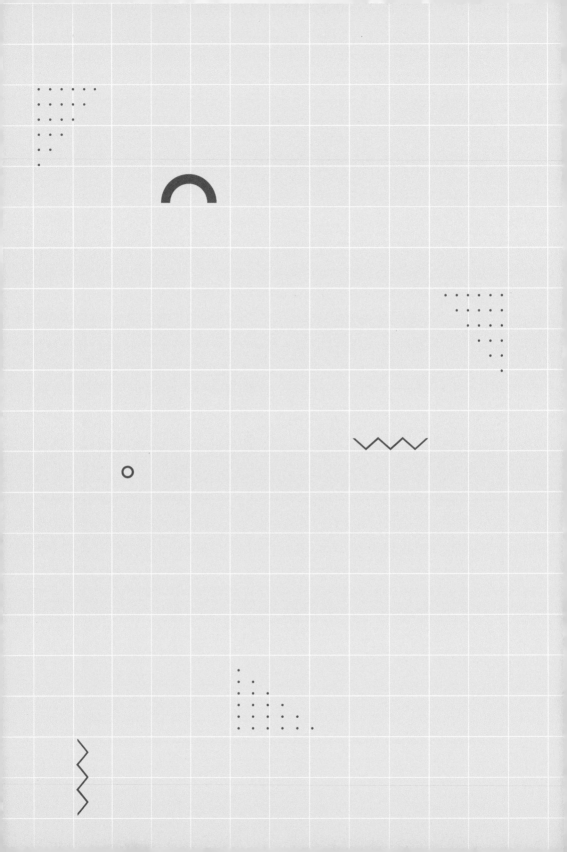

공통인수를 이용한 인수분해

공통인수가 무엇인지 정의할 수 있나요?
공통인수를 이용하여 인수분해 해 봅시다.

1. 공통인수의 정의에 대해 알 수 있습니다.
2. 공통인수를 이용하여 인수분해 할 수 있습니다.

미리 알면 좋아요

1. 공약수 두 개 이상의 수에 공통인 약수

예를 들어, 6의 약수는 1, 2, 3, 6이고, 10의 약수는 1, 2, 5, 10이므로 6과 10의 공약수는 1, 2입니다. 그런데 보통은 1을 제외한 2만 공약수라고 합니다. 왜냐하면 1은 항상 두 수의 공약수이기 때문입니다.

2. 공통인수 두 개 이상의 단항식 또는 다항식에서의 공통인 인수

예를 들어, 두 단항식 x^2y, xyz의 공통인 인수는 xy이고, 두 다항식 $x(x+y)$, $xy(x+y)$의 공통인수는 $x(x+y)$입니다.

아벨의
두 번째 수업

오늘은 공통인수를 이용한 다항식의 인수분해에 대하여 알아보겠습니다.

다항식에서 두 개 이상의 항에 있는 공통인수를 그들의 항의 공통인수라 합니다. 공통인수는 그것을 공통으로 갖는 항의 공약수입니다. 그렇다면 다항식에서는 공통인수를 어떻게 찾는지 공부해 볼까요?

다항식에서의 공통인수

다항식에서의 공통인수에 대하여 알아보기 전에 공약수부터 확인해 볼까요? 두 개 이상의 정수 또는 다항식의 공통인 약수를 공약수라고 합니다. 말로 표현해서 어려울 수도 있으니 숫자를 예로 들어 보겠습니다.

먼저 숫자 6과 9의 공약수에 대하여 알아봅시다.
6과 9의 약수는 무엇인가요?
6의 약수는 1, 2, 3, 6이고, 9의 약수는 1, 3, 9입니다. 그렇다면 공통적으로 들어 있는 약수는 1, 3이겠죠? 이것이 바로 6과 9의 공약수입니다.

그렇다면 일반적인 다항식에서는 공통인수를 어떻게 찾으면 되는지 생각해 볼까요? 예를 들어 단항식인 $3xy$와 x^2의 공통인수는 무엇이 되는지 재홍이가 대답해 볼까요? 눈으로 확인해도 알 수 있는 쉬운 문제라 자신 있게 대답할 수 있겠는데요?
"1은 모든 식의 공통인수이므로 1과 x가 공통으로 들어 있는 인수입니다."

그래요. 하지만 1은 모든 식의 공통인수이므로 생략합니다.
따라서 x가 $3xy$와 x^2의 공통인수가 됩니다.

그렇다면 이번에는 좀 더 복잡한 다항식에 대하여 알아볼까요?
xy와 x^2의 합인 $xy+x^2$의 공통인수를 찾아 간단한 식으로 표현해 보면 어떻게 되는지 수학 박사 재호가 대답해 볼까요?
"xy와 x^2의 공통인수가 x이므로 $xy+x^2=x(y+x)$로 나타

낼 수 있습니다."

맞아요, 이제 공통인수를 찾아내어 간단한 식으로 표현이 가능하겠죠?

앞에서 칠교판으로 만든 여러 가지 도형 모양의 넓이를 정사각형으로 만들어 쉽게 해결하듯이, 이번에는 색종이를 이용한 그림으로 공통인수가 어떻게 이용되는지 시각적으로 살펴봅시다.

가로, 세로의 길이가 각각 y, x인 직사각형 모양의 색종이 넓이가 xy이고, 한 변의 길이가 x인 정사각형 모양의 색종이 넓이가 x^2이므로 색종이로 된 두 개의 사각형을 합하면 가로가 $(y+x)$이고 세로가 x인 직사각형이 되어 결국은 두 직사각형의 넓이의 합과 같게 됩니다. 이것을 아래 그림과 같이 표현할 수 있습니다.

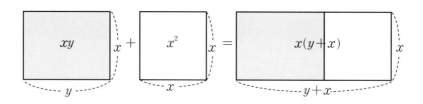

공통인수를 이용하여 인수분해 하기

이제는 앞에서 공부한 공통인수를 찾아내어 다양하게 전개된 다항식을 인수분해 해 볼까요?

다항식 $ax-bx$의 공통인수는 당연히 x입니다. 너무 쉽지요!

그렇다면 공통인수 x를 이용해 인수분해 하면 어떻게 될까요? 재진 양?

"다항식 $ax-bx=(a-b)x=x(a-b)$입니다."

재진 양이 대답한 결과가 항상 성립함을 알 수 있겠죠?

일반적인 다항식에서도 공통인수만 찾아낸다면 어떤 다항식이든지 쉽게 인수분해 할 수 있습니다.

이러한 인수분해는 방정식의 근이나 부등식의 해를 찾는데 매우 유용하게 쓰입니다.

인수분해의 핵심은 바로 공통인수라는 것을 기억하세요.

다음 주어진 문제의 다항식을 공통인수를 찾아내어 인수분해 해 볼까요? 빨리 문제를 해결하는 것보다는 정확하게 정답을 찾는 것이 중요하답니다.

자, 공통인수를 찾아내어 시작해 보십시오!

(1) $ax - ay =$

(2) $xy + 2y =$

(3) $x^2 + 3x =$

(4) $2x^2 - 4x^2y =$

(5) $a^2x^2 - a^2x^2y^2 =$

(6) $2x^2y^2 + 4xy^2 =$

(7) $ax + ay + az =$

(8) $-x + ax - bx =$

(9) $a^2x + ay + a^2z =$

(10) $2x^2 - 6x^2y + 8xz^2 =$

문제를 모두 해결했나요?

이제 주어진 다항식의 공통인수를 하나씩 찾아내어 확인해

볼까요?

(1) 공통인수가 a이므로

    $ax - ay = a(x - y)$

(2) 공통인수가 y이므로

    $xy + 2y = y(x + 2)$

(3) 공통인수가 x이므로

    $x^2 + 3x = x(x + 3)$

(4) 공통인수가 $2x^2$이므로

    $2x^2 - 4x^2y = 2x^2(1 - 2y)$

(5) 공통인수가 a^2x^2이므로

$$a^2x^2 - a^2x^2y^2 = a^2x^2(1-y^2)$$

(6) 공통인수가 $2xy^2$이므로

$$2x^2y^2 + 4xy^2 = 2xy^2(x+2)$$

(7) 공통인수가 a이므로

$$ax + ay + az = a(x+y+z)$$

(8) 공통인수가 $-x$이므로

$$-x + ax - bx = -x(1-a+b)$$

(9) 공통인수가 a이므로

$$a^2x + ay + a^2z = a(ax+y+az)$$

(10) 공통인수가 $2x$이므로

$$2x^2 - 6x^2y + 8xz^2 = 2x(x-3xy+4z^2)$$

문제를 모두 잘 해결했나요?

10문항을 모두 맞힌 사람은 인수분해의 핵심인 공통인수를 완벽하게 이해하고 있는 사람이라고 할 수 있습니다. 앞으로 인수분해 박사로 불릴 가능성이 높은 사람입니다. 위와 같은 다항식을 인수분해하기 위해서 반드시 찾아야 할 내용이 공통인수라는 것을 잊어서는 안 되겠죠? 물론 공통인수가 없는 다항식이면 당연히 인수분해도 할 수 없는 다항식이겠죠! 공통인수를 이해하고 인수분해를 하면 어떤 다항식이든 인수분해가 가능합니다.

❶ 다항식의 인수분해는 공통인수를 이용하여 인수분해 합니다.

❷ 색종이를 이용하여 공통인수의 편리함을 알게 됩니다.

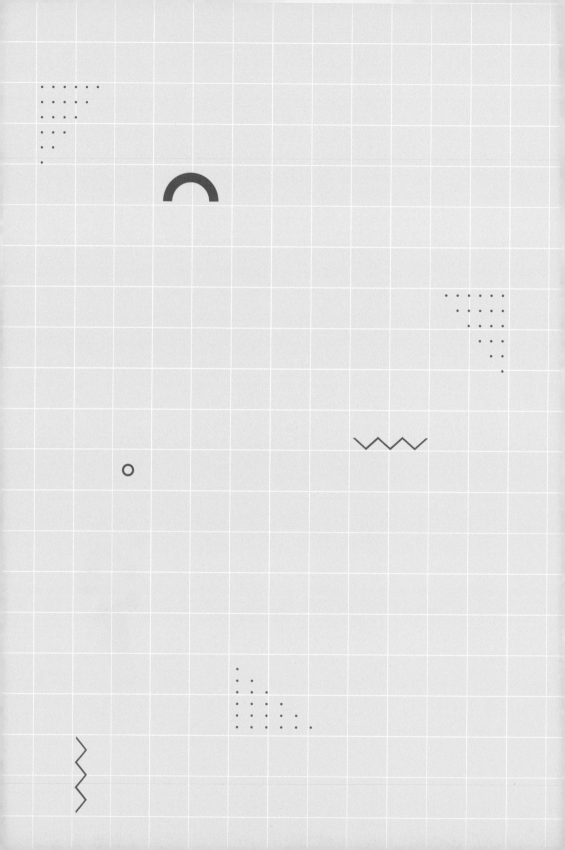

완전제곱 및 합과 차의 곱으로 된 인수분해

완전제곱식은 무엇인가요?
완전제곱 합과 차의 곱으로 인수분해해 봅시다.

1. 완전제곱식의 인수분해에 대해 알 수 있습니다.
2. 합과 차의 곱으로 인수분해 되는 다항식에 대해 생각할 수 있습니다.

1. **완전제곱** 수에서는 제곱수 1, 4, 9, 16, 25, 36, 49, ……를 말하며, 다항식 x^2+2x+1도 완전제곱이라고 함.

    예를 들어, 정사각형 모양으로 된 타일의 면적을 구하기 위해서는 가로ㆍ세로의 길이 중 하나만 알면 면적을 구할 수 있습니다. 가로ㆍ세로의 길이의 곱이 직사각형또는 정사각형의 면적인데 정사각형일 때는 가로ㆍ세로가 서로 같기 때문에 한 변의 길이의 제곱으로 면적을 구하게 됩니다.

아벨의 세 번째 수업

오늘은 인수분해 공식①에 대하여 알아보겠습니다.

$$a^2 \pm 2ab + b^2 = (a \pm b)^2 과 a^2 - b^2 = (a+b)(a-b)$$

완전제곱식이란?

직사각형의 넓이는 가로와 세로의 길이의 곱으로 나타냅니다. 정사각형의 넓이는 가로와 세로의 길이가 같기 때문에 가로의 길이를 두 번 곱한 값으로 나타냅니다. 앞에서 배운 칠교 놀이에서 7개 칠교판의 넓이는 정사각형으로 만들어 가로의 길이를 두 번 곱한 값으로 구할 수 있습니다.

완전제곱은 무엇일까요?

완전제곱이라는 것은 쉽게 설명해서 제곱수를 말합니다. 그렇다면 제곱수에는 무엇이 있는지 선숙 양이 대답해 볼까요?

"1의 제곱인 1, 2의 제곱인 4, 3의 제곱인 9, 4의 제곱인 16, 5의 제곱인 25, 6의 제곱인 36, ……과 같은 수입니다."

잘 대답했습니다.

위에서 언급한 칠교판의 형태가 정사각형이라면 가로의 길이나 세로의 길이를 두 번 곱한 값으로 넓이를 구할 수 있기 때문에 한 변의 길이를 제곱하여 구하는 것과 같습니다. 이와 같이 정사각형 모양일 때의 넓이는 한 변의 길이의 제곱수로 나타낼 수 있고, 반대로 제곱수로 나타낸 것을 정사각형 모양으로도 나타낼 수 있습니다.

그렇다면 숫자 대신 다항식으로도 제곱수의 형태로 나타내는 게 가능할까요? 용선이가 대답해 볼까요?

"너무 어려워요, 선생님. 잘 모르겠습니다."

다항식으로도 제곱수의 형태가 가능합니다.

어떤 다항식이 또 다른 다항식의 제곱과 같을 때, 완전제곱식이라고 합니다.

지금부터 어떤 다항식이 또 다른 다항식의 제곱으로 표현되는지 생각해 볼까요?

일차식의 제곱 꼴로 인수분해 되는 다항식

$$a^2 + 2ab + b^2 = (a+b)^2$$

다항식 $(a+1)^2$을 전개하면 어떻게 되는지 재호가 대답해 볼까요?

"분배법칙을 사용하여 전개하면 이렇게 됩니다.

$(a+1)^2 = (a+1)(a+1) = a^2 + a + a + 1 = a^2 + 2a + 1$"

그렇다면 앞에서 배운 것처럼 전개와 인수분해의 관계를 이용하여 다항식 a^2+2a+1을 인수분해 하면 어떻게 되는지 윤주 양이 대답해 볼까요?

"너무 쉬운 문제네요. $a^2+2a+1=(a+1)^2$이 됩니다."

그래요. 다항식 a^2+2a+1을 인수분해 하면 $(a+1)^2$이 되겠죠? 앞에서 배운 전개와 인수분해의 관계를 잘 기억하면 인수분해에 대하여 빨리 이해할 수 있습니다.

이와 같은 다항식을 이제부터는 그림 또는 색종이를 사용하여 알기 쉽게 표현해 볼까요?

먼저 색종이를 이용하여 한 변의 길이가 a인 정사각형 1개, 두 변의 길이가 각각 a, b인 직사각형 2개, 한 변의 길이가 b인 정사각형 1개를 준비합니다.

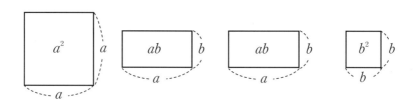

네 개의 사각형을 모두 합하여 정사각형 모양으로 만들어 볼까요?

"선생님, 그런데 왜 하필 정사각형 모양으로 만들어요?"

그건 칠교판을 정사각형 형태로 만들어 한 변의 길이의 제곱으로 넓이를 구하듯이 넓이를 한 변의 길이의 제곱 형태로 만들기 위해서 정사각형 모양으로 만드는 것입니다.

즉, 다항식을 완전제곱식으로 만들기 위해 정사각형 모양으로 만드는 것입니다.

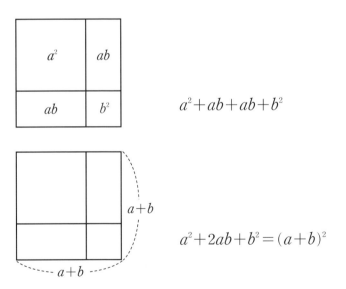

$a^2+ab+ab+b^2$

$a^2+2ab+b^2=(a+b)^2$

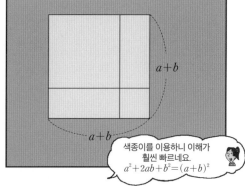

색종이를 이용하여 그림으로 표현하여 보니 이해가 쉽게 돼죠?

이렇게 색종이는 미술 시간뿐만 아니라 수학 시간에도 많이

사용된다는 것 이제 알겠죠?

다항식을 색종이의 면적으로 나타내는 과정을 보니, 수학도

계산만 하고 눈에 보이지 않는 학문이 아니라 이렇게 눈으로

볼 수 있는 학문이라는 것이 무척 신기하지 않나요?

이제부터는 인수분해 공식 $a^2+2ab+b^2=(a+b)^2$을 이용하여 다음과 같은 네 개의 다항식을 인수분해 해 볼까요?

$$a^2+4a+2^2=$$
$$a^2+6a+3^2=$$
$$a^2+8a+4^2=$$
$$a^2+10a+5^2=$$

모두 인수분해 했나요? 인수분해 공식을 이용하면 쉽게 정답을 찾아낼 수 있겠죠?

$$a^2+4a+2^2=(a+2)^2$$
$$a^2+6a+3^2=(a+3)^2$$
$$a^2+8a+4^2=(a+4)^2$$
$$a^2+10a+5^2=(a+5)^2$$

이렇게 풀었다면 여러분은 인수분해에 한 걸음 가까이 다가

선 것입니다.

이제는 다항식이 인수분해 되는 과정을 통해 일정한 규칙을 찾아보세요! 어떤 규칙이 숨어 있을까요? 아직 발견하지 못했나요?

$a^2+2ab+b^2=(a+b)^2$을 자세히 살펴보면 $a^2+2ab+b^2$에서 $2ab$는 a^2의 a와 b^2의 b를 곱하여 두 배를 더한 것입니다.

이와 같이 완전제곱식의 형태로 인수분해 되는 다항식은 다음과 같은 규칙을 찾을 수 있답니다.

$$a^2+\triangle a+\left(\frac{\triangle}{2}\right)^2=\left(a+\frac{\triangle}{2}\right)^2$$

위의 규칙을 이용하여 다음과 같은 다항식을 완전제곱의 형태로 인수분해 해 볼까요?

$$a^2+3a+\left(\frac{3}{2}\right)^2=$$
$$a^2+5a+\left(\frac{5}{2}\right)^2=$$
$$a^2+7a+\frac{49}{4}=$$

$$a^2 + 9a + \frac{81}{4} =$$

준호가 대답해 볼까요?

$$\text{“}a^2 + 3a + \left(\frac{3}{2}\right)^2 = \left(a + \frac{3}{2}\right)^2$$

$$a^2 + 5a + \left(\frac{5}{2}\right)^2 = \left(a + \frac{5}{2}\right)^2$$

$$a^2 + 7a + \frac{49}{4} = a^2 + 7a + \left(\frac{7}{2}\right)^2 = \left(a + \frac{7}{2}\right)^2$$

$$a^2 + 9a + \frac{81}{4} = a^2 + 9a + \left(\frac{9}{2}\right)^2 = \left(a + \frac{9}{2}\right)^2 \text{이 아닌가요?“}$$

정확하게 대답했습니다. 모두 정답입니다. 완전제곱 형태의 인수분해 공식을 잘 활용했군요. 이제 복잡한 다항식도 쉽게 인수분해 할 수 있겠죠?

$$a^2 - 2ab + b^2 = (a - b)^2$$

이번에는 한 변의 길이가 a인 정사각형 1개, 두 변의 길이가 각각 a, b인 직사각형 2개, 한 변의 길이가 b인 정사각형 1개의 색종이를 이용하여 한 변의 길이가 $a-b$인 정사각형의 넓이를 구해 볼까요?

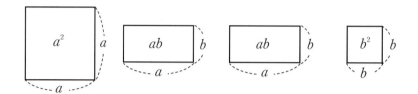

네 개의 색종이 중에서 한 변의 길이가 a인 정사각형 색종이 위에 나머지 세 개의 색종이를 아래 그림과 같이 올려놓으면 한 변의 길이가 $a-b$인 정사각형의 모양의 색종이는 아래 그림과 같이 나타낼 수 있겠죠?

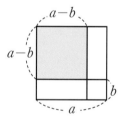

이 색종이의 면적은 a^2인 정사각형에서 면적이 ab인 직사각형 두 개의 면적을 제외한 부분을 나타냅니다. 그런데 한 변의 길이가 b인 정사각형의 면적인 b^2은 두 번이나 제외되어 한 번

은 합해 주어야 합니다. 이와 같은 내용을 정리하면 다음과 같이 나타낼 수 있습니다.

$$(a-b)^2 = a^2 - ab - ab + b^2 = a^2 - 2ab + b^2$$

따라서 다항식 $a^2 - 2ab + b^2$을 인수분해 하면 다음과 같습니다.

$$a^2 - 2ab + b^2 = (a-b)^2$$

이제부터는 인수분해 공식 $a^2 - 2ab + b^2 = (a-b)^2$를 이용하여 다음과 같은 네 개의 다항식을 인수분해 해 볼까요?

$$a^2 - 4a + 2^2 =$$
$$a^2 - 6a + 3^2 =$$
$$a^2 - 8a + 4^2 =$$
$$a^2 - 10a + 5^2 =$$

앞에서 비슷한 다항식을 한 번 해 봐서 여기서는 쉽게 인수분해를 할 수 있었죠? 인수분해 공식을 이용하면 쉽게 정답을 해결할 수 있습니다.

이번에는 보람이가 정답을 말해 볼까요?

"$a^2 - 4a + 2^2 = (a-2)^2$

$a^2 - 6a + 3^2 = (a-3)^2$

$a^2 - 8a + 4^2 = (a-4)^2$

$a^2 - 10a + 5^2 = (a-5)^2$입니다.

공식을 이용하니까 쉬운데요."

그렇습니다. 공식만 안다면 쉽게 풀 수 있을 것입니다.

자, 이번에는 어떤 규칙이 숨어 있는지 찾을 수 있겠죠?

$a^2 - 2ab + b^2 = (a-b)^2$을 자세히 살펴보면 색종이로 설명했듯이 다항식 $a^2 - 2ab + b^2$에서 $-2ab$는 a^2의 a와 b^2의 b를 곱하여 두 배를 뺀 것입니다.

이와 같이 완전제곱식의 형태로 인수분해 되는 다항식은 앞에서도 언급했듯이 다음과 같은 규칙을 찾을 수 있답니다.

$$a^2 - \triangle a + \left(\frac{\triangle}{2}\right)^2 = \left(a - \frac{\triangle}{2}\right)^2$$

위의 규칙을 이용하여 다음과 같은 다항식을 완전제곱 형태로 인수분해 할 수 있겠죠?

$$a^2 - 3a + \left(\frac{3}{2}\right)^2 =$$

$$a^2 - 5a + \left(\frac{5}{2}\right)^2 =$$

$$a^2 - 7a + \frac{49}{4} =$$

$$a^2 - 9a + \frac{81}{4} =$$

완전제곱 형태의 인수분해 공식을 이용하여 답을 쉽게 구할 수 있습니다.

$$a^2 - 3a + \left(\frac{3}{2}\right)^2 = \left(a - \frac{3}{2}\right)^2$$

$$a^2 - 5a + \left(\frac{5}{2}\right)^2 = \left(a - \frac{5}{2}\right)^2$$

$$a^2 - 7a + \frac{49}{4} = a^2 - 7a + \left(\frac{7}{2}\right)^2 = \left(a - \frac{7}{2}\right)^2$$

$$a^2 - 9a + \frac{81}{4} = a^2 - 9a + \left(\frac{9}{2}\right)^2 = \left(a - \frac{9}{2}\right)^2$$

여러분도 나와 같은 결과가 나왔겠죠?

이번에는 앞에서 배운 인수분해 공식 $a^2 \pm 2ab + b^2 = (a \pm b)^2$

을 이용하여 다음과 같은 다항식을 인수분해 해 볼까요?

$4a^2 + 4a + 1 =$

$4a^2 - 4a + 1 =$

$9a^2 + 6a + 1 =$

$9a^2 - 6a + 1 =$

인수분해 공식을 이용하면 쉽게 구할 수 있겠죠?
다음과 같이 해결하면 됩니다.

$$4a^2 + 4a + 1 = (2a)^2 + 2 \cdot 2a \cdot 1 + 1^2 = (2a + 1)^2$$

$$4a^2 - 4a + 1 = (2a)^2 - 2 \cdot 2a \cdot 1 + 1^2 = (2a - 1)^2$$

$$9a^2 + 6a + 1 = (3a)^2 + 2 \cdot 3a \cdot 1 + 1^2 = (3a + 1)^2$$

$$9a^2 - 6a + 1 = (3a)^2 - 2 \cdot 3a \cdot 1 + 1^2 = (3a - 1)^2$$

이제 여러분은 여태까지 배운 인수분해 공식을 이용하면 완전제곱식을 완벽하게 풀 수 있을 겁니다. 여러분은 똑똑한 친구들이니까요.

합과 차의 곱으로 인수분해 되는 다항식

이번에는 합과 차의 곱으로 되어 있는 다항식 $(a + b)(a - b)$

을 전개하면 분배법칙을 사용해야 한다는 것은 다 알고 있지요? 그럼 전개해 봅시다.

$$(a+b)(a-b) = a^2 - ab + ab - b^2 = a^2 - b^2$$

이와 같은 내용을 그림 또는 색종이로 표현해 볼까요?

한 변의 길이가 a인 정사각형 모양의 색종이와 한 변의 길이가 b인 정사각형 색종이가 있습니다. 큰 정사각형의 색종이에서 작은 정사각형의 색종이만큼 제외하면 얼마만큼의 면적을 나타내는 그림으로 변할까요? 상상해 보세요!

아래와 같은 형태의 그림으로 변합니다. 물론 이 모양만 있는 것이 아니라 다양하게 나타날 수 있겠죠?

그렇다면 한글 'ㄴ' 자 혹은 영어 'L' 자 모양의 면적은 어떻게 구하면 될까요?

이것도 역시 다음과 같이 그림으로 나타내어 구할 수 있습니다.

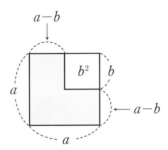

이것을 ①과 ②의 면적으로 구분합니다.

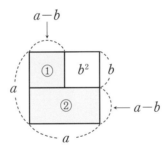

구분한 ①의 면적과 ②의 면적을 합하여 직사각형을 만들어 보면 아래와 같습니다.

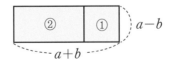

따라서 ①의 면적과 ②의 면적을 합하면 직사각형의 면적이

므로 $(a+b)(a-b)$가 됩니다.

그러므로 $a^2-b^2=(a+b)(a-b)$가 성립합니다.

이제부터는 인수분해 공식 $a^2-b^2=(a+b)(a-b)$를 이용

하여 다음과 같은 네 개의 다항식을 인수분해 해 볼까요?

$$a^2 - 1^2 =$$

$$a^2 - 2^2 =$$

$$a^2 - 3^2 =$$

$$a^2 - 4^2 =$$

너무 쉽죠? 다음과 같이 간단히 인수분해 할 수 있습니다.

$$a^2 - 1^2 = (a+1)(a-1)$$

$$a^2 - 2^2 = (a+2)(a-2)$$

$$a^2 - 3^2 = (a+3)(a-3)$$

$$a^2 - 4^2 = (a+4)(a-4)$$

이번에는 좀 더 다양한 다항식을 인수분해 해 볼까요?

$$4a^2 - 1^2 = (2a)^2 - 1^2 = (2a+1)(2a-1)$$

$$9a^2 - 1^2 = (3a)^2 - 1^2 = (3a+1)(3a-1)$$

$$16a^2 - 3^2 = (4a)^2 - 3^2 = (4a+3)(4a-3)$$

똑똑한 여러분은 식을 다양하게 바꾸어 문제를 내도 풀 수 있었을 것이라고 믿습니다.

인수분해 공식①을 이해하고 기억한다면 이런 유형의 다항식을 인수분해 할 수 있답니다.

인수분해 공식①

$$a^2 \pm 2ab + b^2 = (a \pm b)^2 \text{과} \ a^2 - b^2 = (a+b)(a-b)$$

수학의 역사 속에도 인수분해 공식①이 나타납니다.

"기하학에는 왕도가 없다."

이 유명한 말을 남긴 그리스 수학자 유클리드는 그가 쓴 책《도형의 분할에 대하여》에서 인수분해를 이용하여 삼각형의 면적을 사각형의 면적으로 표현하였습니다.
다음 그림과 같이 가로가 2, 세로가 3인 삼각형의 넓이를 한 변의 길이가 2인 정사각형의 넓이에서 한 변의 길이가 1인 정사각형의 넓이를 뺀 것과 같음을 설명하고 있습니다.

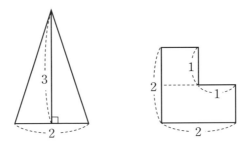

즉 $a^2 - b^2 = (a+b)(a-b)$와 같은 원리죠? 이로써 오래전부터 수학이 사용됐음을 알 수 있답니다.

❶ 다항식 $a^2 \pm 2ab + b^2$은 일차식의 제곱 꼴인 $(a \pm b)^2$로 인수분해 합니다.

❷ 다항식 $a^2 - b^2$은 두 단항식의 합과 차의 곱인 $(a+b)(a-b)$로 인수분해 합니다.

❸ 색종이를 이용하여 합과 차의 곱으로 인수분해 되는 과정을 알 수 있습니다.

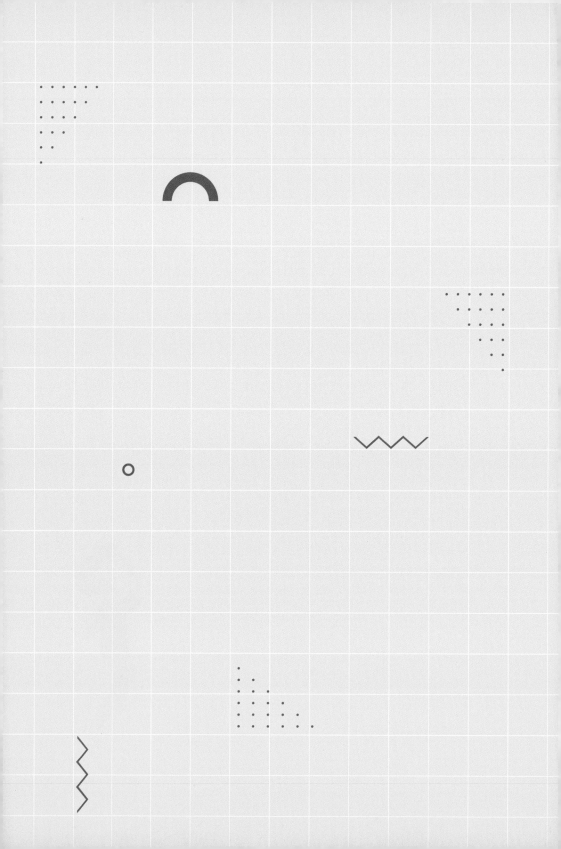

합과 곱을 이용한
인수분해

합과 곱을 이용한 인수분해 공식을 더 알아봅시다.
정수의 순서쌍을 인수분해에 활용해 봅시다.

1. 합과 곱을 이용한 인수분해 공식 $x^2+(a+b)x+ab=(x+a)(x+b)$와 $acx^2+(ad+bc)x+bd=(ax+b)(cx+d)$에 대해 알 수 있습니다.
2. 정수의 순서쌍을 이용하여 합과 곱을 이용한 인수분해에 활용할 수 있습니다.

미리 알면 좋아요

1. **순서쌍** 어떤 집합의 원소 a와 또 다른 집합의 원소 b를 취해, 순서를 생각하여 만든 a와 b의 쌍 (a, b)을 말함.

   예를 들어, 같이 있는 남녀를 보고 한 쌍의 원앙처럼 아름답다고 합니다. 여기에서 한 쌍이 의미하는 것은 남자와 여자를 함께 말하는 것입니다. 남녀 학생이 같이 생활하는 어느 학급에서 남녀 한 명씩 짝을 맞춰 자리에 앉는다면 여러 순서쌍 중의 한 경우라 할 수 있습니다. 남자 2명, 여자 2명을 순서쌍으로 만들면 (남1, 여1), (남1, 여2), (남2, 여1), (남2, 여2)로 만들 수 있습니다.

아벨의
네 번째 수업

오늘은 인수분해 공식②에 대하여 알아보겠습니다.

$$x^2 + (a+b)x + ab = (x+a)(x+b)$$

$$acx^2 + (ad+bc)x + bd = (ax+b)(cx+d)$$

합과 곱을 이용한 인수분해 공식(2-1)

$$x^2 + (a+b)x + ab = (x+a)(x+b)$$

합과 곱을 이용한 인수분해 공식을 색종이를 이용하여 나타
내 볼까요?

색종이를 이용하여 넓이가 각각 $x^2, x, 1$인 사각형을 몇 개 오
려 봅시다.

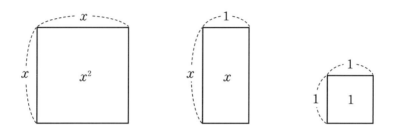

면적이 x^2인 색종이 1개, 면적이 x인 색종이 4개, 면적이 1인
색종이 3개를 그림과 같이 준비하여 모두 합해 볼까요?

모두 합한 것이 다항식 x^2+4x+3과 같죠?

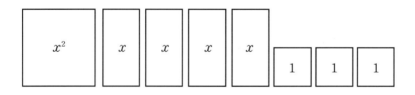

이번에는 8개의 색종이를 모두 이용하여 직사각형을 만들어
볼까요?

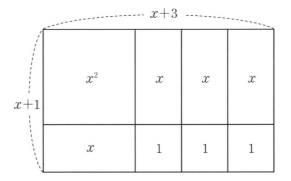

위 직사각형의 면적은 처음 주어진 8개의 색종이를 합한 면적과 같습니다. 직사각형의 면적은 얼마인지 아는 사람?

"저요! 직사각형의 면적은 가로와 세로또는 세로와 가로를 곱하면 되므로 $(x+1)(x+3)$입니다."

역시 수학 박사 재진이네요. 잘 대답했어요.

"아, 아쉽다. 나도 알고 있었는데."

하하, 다음번엔 재홍이에게 먼저 기회를 주지요.

자, 이제 이것을 정리해 보면 다항식 x^2+4x+3의 면적은 직사각형의 면적 $(x+1)(x+3)$과 같으므로 다음과 같은 식이 성립할 수 있겠죠?

$$x^2+4x+3=(x+1)(x+3)=(x+3)(x+1)$$

위의 내용은 다항식이 인수분해 되는 과정을 색종이를 이용하여 나타낸 것입니다.

이번에는 일차식과 상수항의 계수가 숫자가 아닌 미지수로 이루어진 다항식의 경우에는 어떻게 인수분해 되는지 알아볼까요?

다항식 $x^2+(a+b)x+ab$을 인수분해 하기 위해 면적이 각각 x^2, ax, bx, ab인 색종이를 준비합니다.

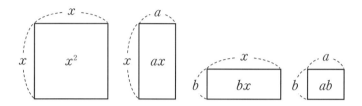

각각의 색종이를 이용하여 사각형을 만들어 볼까요? 여러 가지 모양의 사각형 형태가 만들어집니다. 칠교판을 이용하여 사각형 모양으로 만드는 것도 같은 원리로 하는 것입니다. 하지만 위의 색종이를 이용하여 사각형 모양으로 만드는 것이 무척 쉽다는 것을 알 수 있겠죠?

서로 다른 네 종류의 사각형을 아래와 같은 사각형으로 만들어 면적을 구하면 얼마가 될까요? 아까 재홍이에게 먼저 기회를 준다고 했죠? 자, 재홍이가 대답해 보세요.

"네! 이 사각형의 면적은 $(x+a)(x+b)$이거나 $(x+b)(x+a)$입니다. 맞죠, 선생님?"

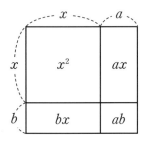

역시 재홍이도 잘 알고 있었군요.

다항식 $x^2+(a+b)x+ab$을 인수분해 하면 $(x+a)(x+b)$
이거나 $(x+b)(x+a)$가 되어 다음 식이 성립합니다.

$$x^2+(a+b)x+ab=(x+a)(x+b)=(x+b)(x+a)$$

결국 다항식 $x^2+(a+b)x+ab$를 인수분해 하기 위해서는
두 수인 a, b를 이용하여 구할 수 있습니다.

다항식 $x^2+(a+b)x+ab$을 x^2+mx+n으로 표현하면
$x^2+(a+b)x+ab=x^2+mx+n$이 성립하므로 두 다항식은
서로 같게 되어, 왼쪽 식의 a, b의 합이 오른쪽의 m과 같고 왼
쪽의 a, b의 곱이 오른쪽의 n과 같은 값을 갖게 됩니다.

즉, 다항식 x^2+mx+n 형태의 인수분해는 두 수의 합이 $(+m)$이고, 같은 두 수의 곱이 $(+n)$인 두 수를 선택하여 인수분해 하면 쉽게 인수분해 할 수 있습니다.

이와 같은 방법을 이용하여 다항식을 인수분해 해 볼까요?

다항식 x^2+4x+3은 두 수를 더하여 $+4$가 되면서 곱하여 $+3$이 되는 수를 선택하면 됩니다. 어떤 수가 이것에 해당할까요?

"2, 2는 두 수의 곱이 4가 되지만 두 수의 합은 4가 되므로 안 됩니다. 3, 1은 두 수의 합이 4이고, 두 수의 곱이 3이므로 모두 만족하네요! 그렇다면 3과 1입니다."

맞습니다. 그렇다면 다항식 x^2+4x+3은 어떻게 인수분해 될까요?

"$(x+1)(x+3)=(x+3)(x+1)$으로 인수분해 됩니다."

역시 재호가 인수분해를 잘 해결했군요!

두 수의 합한 값과 두 수의 곱한 값을 이용하여 인수분해 하면 쉽게 해결할 수 있습니다.

이번에는 다항식 x^2+5x+6을 인수분해 해 볼까요?

두 수를 합하여 5, 곱하여 6이 되는 두 수를 찾아보면 어떤 수일까요?

윤주 양이 대답해 보세요

"2와 3아닌가요? 두 수를 합하면 5이고, 두 수를 곱하면 6이 되므로 2와 3! 맞죠?"

역시 여러분은 나의 제자예요.

2와 3을 찾았으니 다항식 x^2+5x+6을 인수분해 할 수 있겠죠?

"$(x+2)(x+3)$ 또는 $(x+3)(x+2)$입니다."

이제는 물어보지 않아도 대답해 주니 고마워요.

이번에는 음수가 들어 있는 경우에 대하여 알아보도록 하겠습니다.

다항식 x^2+x-2을 어떻게 인수분해 해야 할까요?

위에서 설명한 것과 똑같이 해결하면 됩니다. 두 수의 합이 1

이고, 곱이 −2인 두 수를 찾으면 됩니다.

어떤 수가 될까요?

앞의 것보다 두 수를 찾아내기 어렵죠? 이렇게 부호가 다른 경우에는 찾아내기가 쉽지 않습니다.

"그렇다면 어떻게 해야 하나요? 찾기 너무 힘들어요"

알겠어요. 이렇게 찾아내기가 쉽지 않을 때 해결할 수 있는 방법 하나를 알려 줄게요.

다음 도표를 이용하여 두 수의 합이 1인 경우와 두 수의 곱이 −2가 되는 경우를 찾는 것입니다.

먼저 두 수의 곱이 −2인 경우에는 표와 같이 두 가지_{정수 범위}가 있습니다. 두 가지 중에서 두 수의 합이 1인 경우는 −1과 2인 경우입니다.

두 수의 곱이 −2		두 수의 합
1	−2	−1
−1	2	1

"아! 그렇다면 다항식 x^2+x-2를 인수분해 한 것은 이렇게 되겠네요. $(x-1)(x+2)$"

그래요. 이제는 잘할 수 있겠죠?

앞으로는 이와 같은 인수분해 방법을 자주 접하게 될 것입니다.

이제 두 수의 합과 곱을 이용한 인수분해를 이해하셨다면 다음의 다항식을 인수분해 해 보세요.

$$x^2+4x+3=$$

$$x^2+6x+8=$$

$$x^2+7x+12=$$

$$x^2-x-2=$$

$$x^2-x-6=$$

$$x^2-4x-12=$$

인수분해 한 것을 누가 대답해 볼까요?

민서 양이 자신 있게 손 들었군요! 차례로 설명해 보세요.

"x^2+4x+3은 두 수를 합하여 4, 두 수를 곱하여 3이 되는 수는 1과 3이므로 $x^2+4x+3=(x+1)(x+3)$입니다.

x^2+6x+8은 두 수를 합하여 6, 두 수를 곱하여 8이 되는 수는 2와 4이므로 $x^2+6x+8=(x+2)(x+4)$입니다.

$x^2+7x+12$는 두 수를 합하여 7, 두 수를 곱하여 12가 되는 수는 3과 4이므로 $x^2+7x+12=(x+3)(x+4)$입니다.

x^2-x-2는 두 수를 합하여 -1, 두 수를 곱하여 -2가 되는 수는 -2와 1이므로 $x^2-x-2=(x-2)(x+1)$입니다.

x^2-x-6은 두 수를 합하여 -1, 두 수를 곱하여 -6이 되는 수는 -3과 2이므로 $x^2-x-6=(x-3)(x+2)$입니다.

$x^2-4x-12$는 두 수를 합하여 -4, 두 수를 곱하여 -12가 되는 수는 -6과 2이므로 $x^2-4x-12=(x-6)(x+2)$입니다."

자세하게 잘 설명했어요. 역시 우리 반 일등답네요.

합과 곱을 이용한 인수분해 공식(2-2)

$$acx^2+(ad+bc)x+bd=(ax+b)(cx+d)$$

색종이의 넓이가 각각 x^2, x, 1인 것이 각각 2개, 5개, 2개 아래와 같이 있습니다.

다항식 $2x^2+5x+2$를 인수분해 하기 위해 큰 직사각형 모양의 색종이로 만들어 보세요!

어떻게 하면 큰 직사각형 모양의 색종이가 될까요?

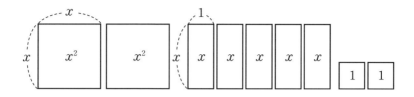

색종이를 모두 합하여 직사각형 모양으로 나타내면 아래 그림과 같이 됩니다.

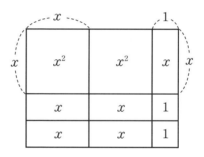

이것은 가로와 세로를 곱하여 얻어진 값으로 $(2x+1)(x+2)$와 같습니다. 다항식 $2x^2+5x+2$는 $(2x+1)(x+2)$로 인수분해 되므로 $2x^2+5x+2=(2x+1)(x+2)$의 관계가 성립합니다. 인수분해 된 것을 분배법칙을 이용하여 전개하기는 쉬워도 전개된 것을 인수분해 하기란 쉽지 않죠?

또 다른 경우에 대하여 알아볼까요?

색종이의 넓이가 각각 $6x^2$, $4x$, 2, $3x$인 것이 아래와 같이 있습니다. 다항식 $6x^2+7x+2$을 인수분해 하기 위해 네 개의 색종이를 하나의 직사각형으로 만들어 보세요!

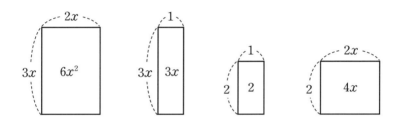

어떤 모양의 직사각형이 되는지 이번에는 태준이가 설명해 볼까요?

"네 개의 색종이를 직사각형 모양으로 합하면 다음 그림과 같이 됩니다.

이것은 가로와 세로를 곱하여 얻어진 값 $(2x+1)(3x+2)$와 같습니다. 따라서 다항식 $6x^2+7x+2$은 $(2x+1)(3x+2)$로 인수분해 되므로 $6x^2+7x+2=(2x+1)(3x+2)$가 성립합니다."

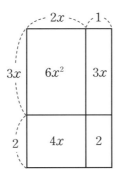

잘 설명했습니다. 유치원부터 활용했던 색종이를 활용하여 인수분해 하는 경우를 좀 더 자세히 설명하겠습니다. 문자가 많이 나오니까 헷갈리지 않게 조심하세요.

색종이의 면적이 각각 acx^2, adx, bcx, bd인 것이 아래와 같이 있습니다.

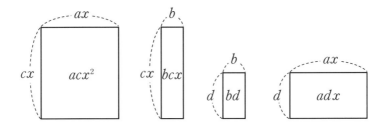

네 개의 색종이를 이용하여 아래 그림과 같이 나타내어 가로

와 세로의 곱으로 면적을 구해 보면 $(ax+b)(cx+d)$가 됩니다. 이것은 다항식 $acx^2+bcx+adx+bd$를 인수분해 한 것과 같습니다.

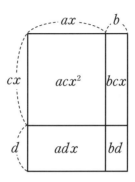

따라서 다음과 같이 인수분해됩니다.

$$acx^2+(ad+bc)x+bd=(ax+b)(cx+d)$$

이번에는 색종이를 이용한 인수분해가 아닌 다른 방법으로 간단히 인수분해 할 수 있는 방법에 대해서 알아보도록 하겠습니다.

다항식 $6x^2+7x+2$을 인수분해 해 볼까요?
다항식 $6x^2+7x+2$를 인수분해 공식 $acx^2+(ad+bc)$

$x+bd$ 과 비교해서 알아보도록 하겠습니다. 두 다항식이 서로 같다고 한다면 어떤 식이 성립될까요?

$6x^2+7x+2=acx^2+(ad+bc)x+bd$ 에서 왼쪽과 오른쪽을 비교해 봅시다.

왼쪽의 6과 같은 것은 오른쪽의 ac

왼쪽의 7과 같은 것은 오른쪽의 $(ad+bc)$

왼쪽의 2와 같은 것은 오른쪽의 bd

이제 오른쪽의 a, b, c, d를 구해 보겠습니다.

먼저 $ac=6$인 정수의 쌍 (a, c)와 $bd=2$인 정수의 쌍 (b, d)를 구해 보고, 그중에서 서로 엇갈리게 곱하여 더한 값 $(ad+bc)$가 7이 되는 경우를 찾으면 됩니다.

좀 복잡할 것 같으니까 같이 풀어 보죠.

$ac=6$인 정수의 쌍 (a, c)는 $(1, 6), (6, 1), (2, 3),$

$(3, 2), (-1, -6), (-6, -1), (-2, -3), (-3, -2)$이

고, $bd = 2$인 정수의 쌍 (b, d)는 $(1, 2)$, $(2, 1)$, $(-1, -2)$, $(-2, -1)$입니다.

이 순서쌍 중에서 $(ad + bc)$가 7이 되는 경우를 찾아볼까요?

"$(2, 3)$과 $(1, 2)$가 만족하여 $a = 2$, $b = 1$, $c = 3$, $d = 2$가 됩니다."

그래요. 이제 인수분해 공식 $acx^2 + (ad + bc)x + bd = (ax + b)(cx + d)$에 대입해 인수분해 하면 어떻게 될까요?

"$6x^2 + 7x + 2 = (2x + 1)(3x + 2)$가 됩니다."

윤주 양이 대단히 잘 대답했습니다. 지금까지 했던 인수분해와는 다르다는 것을 알겠죠? 가장 어려운 인수분해에 대해서 학습하고 여러분들이 해결하는 것입니다. 위와 같이 여러 개의 순서쌍을 구하여 만족하는 값을 선택하기란 쉬운 일이 아니겠죠? 더구나 정수의 순서쌍이 많이 존재하는 경우에는 더욱 어렵습니다. 그리하여 수학이 필요합니다. 복잡한 덧셈 대신 구구단을 활용하듯이 복잡한 다항식은 다음에 나오는 표와 같은 형태로 해결하면 쉽게 해결할 수 있습니다.

$$6x^2 + 7x + 2 = acx^2 + (ad + bc)x + bd$$

$$
\begin{array}{ccccc}
2 & & 1 & \longrightarrow & 3 \\
3 & & 2 & \longrightarrow & 4 \\
& & & & \overline{} \\
& & & & 3+4=7
\end{array}
$$

따라서 $6x^2 + 7x + 2 = (2x+1)(3x+2)$ 로 인수분해 됩니다.

다항식 $3x^2 - x - 2$ 는 어떻게 인수분해 될까요?

$3x^2 - x - 2 = acx^2 + (ad + bc)x + bd$ 이므로 다음과 같습니다.

$$
\begin{array}{ccccc}
3 & & 2 & \longrightarrow & 2 \\
1 & & -1 & \longrightarrow & -3 \\
& & & & \overline{} \\
& & & & 2-3=-1
\end{array}
$$

$3x^2 - x - 2 = (3x+2)(x-1)$ 이 되겠죠.

계수가 정수인 일반적인 다항식의 인수분해는 위와 같은 형태로 인수분해 할 수 있습니다.

$$acx^2 + (ad + bc)x + bd = (ax + b)(cx + d)$$

$$
\begin{array}{ccc}
a & \diagdown & b \longrightarrow bc \\
c & \diagup & d \longrightarrow \underline{ad} \\
& & bc + ad
\end{array}
$$

이제 위의 인수분해 공식을 이용하여 다음의 다항식을 인수분해 해 보세요.

$$2x^2 + 5x + 2 =$$
$$3x^2 + 7x + 2 =$$
$$6x^2 + 7x - 3 =$$
$$3x^2 - 7x + 2 =$$

모두 해결하셨나요? 자신 있게 인수분해해 볼 수 있는 사람은 손 들어 보세요.

재우가 가장 힘차게 손을 들었군요!

인수분해 한 것을 말해 보세요.

"$2x^2 + 5x + 2 = (2x + 1)(x + 2)$

$$3x^2+7x+2=(3x+1)(x+2)$$

$$6x^2+7x-3=(3x-1)(2x+3)$$

$$3x^2-7x+2=(3x-1)(x-2)$$

이렇게 인수분해 됩니다.”

인수분해 한 것을 보니 이제 재우는 복잡한 인수분해도 정확하게 할 수 있겠군요! 이렇게 인수분해 공식을 이용하여 다항식을 쉽게 인수분해 할 수 있답니다.

수학의 천재 가우스는 “모든 다항식은 일차식과 이차식으로 인수분해 할 수 있다.”라는 유명한 정리를 발견했다고 합니다. 이 정리는 ‘대수학의 기본 정리’로도 사용됩니다. 그런데 수학의 제왕 가우스는 발견만 했지 어떻게 하면 인수분해 할 수 있는가 하는 방법은 제시하지 않아서 수학자들을 안타깝게 했다고 합니다. 세계의 많은 수학자들이 현재까지도 연구하고 있다고 하니 여러분들이 해법을 발견한다면 위대한 수학자가 되어 길이길이 명성을 날릴 것입니다. 한번 도전해 보세요!

다음 시간에는 더욱 복잡한 다항식을 간단명료하게 인수분해 하는 것에 대하여 배울 예정이니 기대하세요.

❶ 다항식 $x^2+(a+b)x+ab$는 합과 곱을 이용하여 $(x+a)(x+b)$로 인수분해 합니다.

❷ 다항식 $acx^2+(ad+bc)x+bd$는 합과 곱을 이용하여 $(ax+b)(cx+d)$로 인수분해 합니다.

❸ 색종이를 이용하여 합과 곱으로 인수분해 되는 과정을 알고 실생활에서 찾아봅니다.

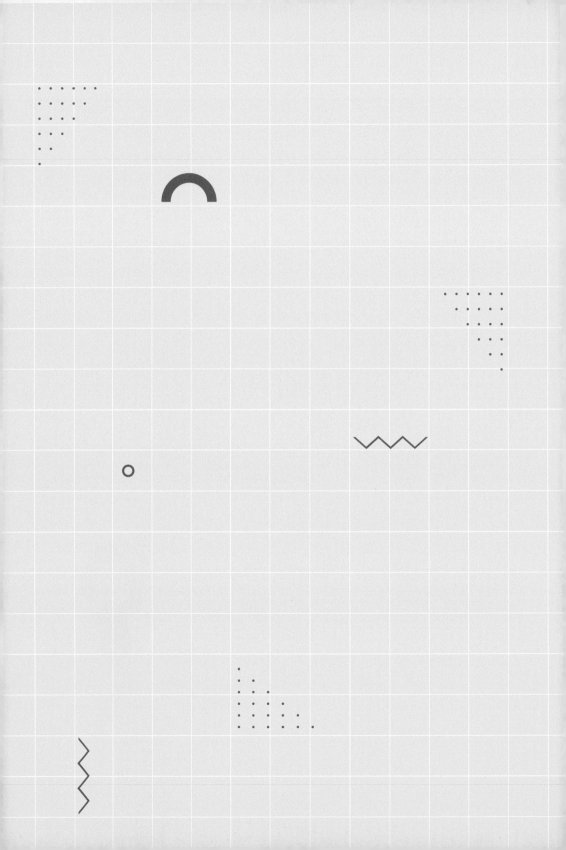

복잡한 다항식의 인수분해

복잡한 다항식은 어떻게 인수분해 해야 할까요?
치환과 내림차순을 이용하여 인수분해 해 봅시다.

1. 복잡한 다항식은 치환을 이용하여 인수분해 할 수 있습니다.
2. 복잡한 다항식은 내림차순으로 정리한 후 인수분해 할 수 있습니다.

1. 치환 복잡한 수식을 간단한 형태로 대치하는 것.

예를 들어, 저금통에 있는 동전을 꺼내어 얼마인지 알아보기 위해서는 500원, 100원, 50원, 10원끼리 묶어 금액을 계산합니다. 또한 같은 액수의 금액끼리 묶을 때도 10개씩 묶으면 더욱 쉽게 금액을 계산할 수 있습니다. 복잡한 다항식에서도 같은 부분의 다항식이 존재하면 치환하여 인수분해 하면 쉽게 할 수 있습니다.

2. 내림차순 다항식에서 어떤 변수에 대해 높은 차수부터 낮은 차수로 나열하는 것.

예를 들어, 엑셀excel이라는 컴퓨터 프로그램이 있는데 여러 가지의 자료들이 순서 없이 배열되어 있을 때 가, 나, 다, …… 또는 1, 2, 3, …… 순서로 배열할 때, 오름차순과 내림차순으로 정리하게 됩니다. 오름차순은 낮은 값에서 높은 값으로, 내림차순은 높은 값에서 낮은 값으로 배열하는 경우를 말합니다.

문자로 이루어진 다항식을 불규칙하게 나열하는 것보다 규칙적으로 나열하면 문자를 계산하기에 편리합니다. 다항식을 어떤 문자에 대하여 차수가 높은 항부터 낮은 항으로 나열하는 것을 그 문자를 내림차순으로 정리한다고 합니다.

불규칙하게 나열된 다항식 $2x - x^2 + x^3 + 1$을 내림차순으로 정리하면 $x^3 - x^2 + 2x + 1$입니다.

아벨의
다섯 번째 수업

오늘은 앞에서 배운 인수분해보다 더 복잡한 다항식을 간단하게 인수분해 할 수 있는지 자세하게 알아보겠습니다.

여러 가지 복잡한 다항식의 인수분해

서점에 진열된 책들은 종류별로 또는 분야별로 진열되어 있어서 소비자들이 쉽게 필요한 책을 찾을 수 있습니다. 물론 컴퓨터로 검색하여 쉽게 찾는 방법도 있습니다. 슈퍼마켓에 진열된 여러 종류의 물건들도 같은 원리를 따르고 있겠죠? 이와 같은 방법을 복잡한 다항식에서도 편리하게 사용할 수 있을까요?

복잡한 형태의 다항식은 어떻게 인수분해 되는지 알아보도록 하겠습니다.

다항식 $ax+ay+bx+by$를 색종이를 이용하여 나타내 볼까요? 색종이를 이용하여 아래와 같이 나타낼 수 있습니다.

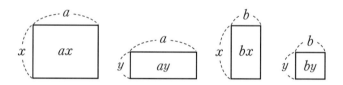

여러 종류의 동전과 지폐를 갖고 있을 때, 총금액을 계산하고자 할 때는 같은 종류의 동전 또는 지폐끼리 분류하여 금액을 알아봅니다. 이와 같이 ax와 ay를 묶고, bx와 by를 묶어서 공통인수 a와 b를 이용하여 다항식 $ax+ay+bx+by$를 간단한 다항식으로 나타내면 아래와 같습니다.

$$ax+ay+bx+by=a(x+y)+b(x+y)$$

흩어져 있는 다항식을 간단한 다항식으로 정리한 다음 다시 새로운 다항식으로 나타낼 수 있답니다.

이러한 다항식 $a(x+y)+b(x+y)$을 색종이를 이용하여 표현하면 아래 그림과 같습니다.

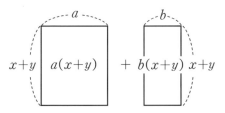

칠교판에서 사용했던 정사각형과 직사각형 모양이 되었습니다. 아무리 복잡한 다항식의 형태라도 색종이를 이용하여 정사각형 또는 직사각형으로 만들 수 있습니다. 그렇다면 당연히 넓이도 쉽게 나타낼 수 있겠죠?

이제 두 직사각형을 합하여 새로운 직사각형을 만들어 보세요. 직사각형의 넓이가 얼마인지 알 수 있을까요? 두 직사각형의 넓이를 합하면 그림과 같습니다.

즉, 가로와 세로의 곱인 $(a+b)(x+y)$가 두 직사각형의 넓이를 나타냅니다. 따라서 다항식 $a(x+y)+b(x+y)$는 그림과 같이 가로와 세로의 곱인 $(a+b)(x+y)$로 간단하게 표현할 수 있습니다.

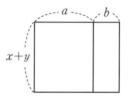

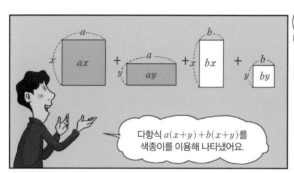

다항식 $a(x+y)+b(x+y)$를 색종이를 이용해 나타냈어요.

같은 종류의 동전 또는 지폐, 물건끼리 분류하듯 해 볼까요?

일단은 이렇게 나타낼 수 있어요.

그리고 이 두 직사각형을 합하면 이렇게 간단히 표현할 수 있어요.

즉, 처음에 주어진 다항식이 아래와 같이 인수분해 됨을 알 수 있습니다.

$$ax + ay + bx + by = a(x+y) + b(x+y) = (a+b)(x+y)$$

이와 같이 복잡한 다항식을 간단한 공통인수를 이용하여 새로운 다항식으로 만든 후에 다시 공통인수를 이용하여 인수분해할 수 있습니다.

독일의 유명한 수학자 칼 프리드리히 가우스Gauss, Carl Friedrich, 1777~1855가 열 살일 때, 선생님이 제시한 1부터 100까지 더하라는 어려운 문제를 쉽게 풀었다는 것은 잘 알려져 있습니다. 그 내용을 들여다보면 인수분해에서 배우는 과정과 비슷하다고 할 수 있습니다. 가우스가 열 살 때 있었던 일이니 대단하죠?

선생님이 가우스를 비롯한 학급 아이들에게 제시한 문제는 1부터 100까지 더한 값이 얼마인지 알아맞히는 문제였는데, 가우스가 제일 먼저 답을 5050이라고 말했으니 선생님과 친구들이 얼마나 놀랐을지는 상상이 갑니다.

그렇다면 가우스는 어떻게 그렇게 빠르게 계산할 수 있었을까요? 만약 여러분이라면 어떠한 방법을 사용했을까요? 고민되는 질문이죠?

가우스가 해결한 방법을 살펴보면 1부터 100까지 더한 값을 구하기 위해 처음 수 1과 마지막 수 100을 합하여 101을 만들고, 두 번째 수 2와 마지막부터 거꾸로 두 번째 수인 99를 더하여 101을 만들고……. 100개의 수 중에서 가운데 있는 두 수 50과 51을 더하여 101을 만들었습니다. 이러한 방법으로 만든 101이 50개가 있으니 두 수를 곱하면 $101 \times 50 = 5050$이 됩니다.

초등학교 3학년인 열 살의 나이에 이러한 생각을 갖고 계산을 했다니 가우스는 정말 대단한 사람이라는 것을 알 수 있습니다.

여러분들이 아직 발견 못 한 다양한 수학적 계산 방법이 많이 있을 것입니다. 한번 찾아보세요!

이제 인수분해를 이용하면 다양한 다항식도 간단히 할 수 있다는 생각이 들죠?

치환

우리가 생활하면서 복잡한 것을 단순화한 후 실타래를 풀듯이 차근차근 해결하는 경우가 종종 있습니다. 여러 박스 안에 들어 있는 과자의 총 개수를 구하고자 할 때에는 한 박스 안에 들어 있는 과자의 개수를 파악한 후 박스의 수만큼 곱하면 됩니다. 물론 여기에는 곱하기가 필수입니다.

여러 가지 복잡한 다항식을 인수분해 공식을 이용하여 간단히 인수분해 할 수도 있지만 그렇지 않은 경우도 있습니다. 지금까지 배웠던 방법으로 인수분해 하기 힘든 경우랍니다.

이러한 경우에는 식의 일부를 다른 문자로 바꾸고 인수분해 공식을 적용하여 쉽게 인수분해 합니다.

예를 들어 $(x+1)^2+4(x+1)+4$와 같은 다항식을 인수분해 할 수 있을까요?

지금까지 배워 온 인수분해 공식으로는 하기 힘들겠죠?

여기서는 쉽게 인수분해 하기 위해서 주어진 다항식의 일부를 변형시킵니다. 변형이라는 것이 바로 치환인데 치환의 원래 뜻은 '바꾸어 놓는 것'입니다.

즉, 치환은 인수분해를 쉽게 하기 위해 일부분을 바꾸어 놓는 것입니다. 일부분이라는 것은 공통적으로 보이는 식인데 여기서는 $(x+1)$이 됩니다.

$x+1=$A로 바꾸어 놓은 후 다시 다항식을 정리하면 어떻게 될까요?

"A^2+4A+4입니다."

맞습니다. 그렇다면 이것을 인수분해 공식의 하나인 완전제곱식을 이용하여 인수분해 할 수도 있겠죠? 어떻게 인수분해 될까요?

"A^2+4A+4$=$(A+2)^{2}입니다."

잘 대답했습니다. 처음에 주어진 다항식보다 간단한 다항식으로 되어 쉽게 인수분해 할 수 있죠?

그렇다면 $(x+1)^2+4(x+1)+4$를 인수분해 하면 $(A+2)^2$이 될까요?

"선생님, $(x+1)^2+4(x+1)+4$를 전개하면 x^2+6x+9가 되고 $(A+2)^2$을 전개하면 A^2+4A+4가 되어 서로 다르게 돼요."

그래요. 그래서 식이 성립하려면 치환했던 것을 다시 원래의 식으로 되돌려 주어야 합니다. $x+1=$A로 치환했던 것을 다시 바꾸어 인수분해 하면 다음과 같습니다.

$$(A+2)^2 = (x+1+2)^2 = (x+3)^2$$

선생님! $(x+1)^2+4(x+1)+4$는 인수분해를 할 수 없어요.

이럴 경우엔 치환을 합니다.

치환요?

바꾸어 놓는다는 말이죠. $(x+1)$을 A로 바꾸어 볼까요?

A^2+4A+4는 인수분해를 할 수 있어요.
$A^2+4A+4=(A+2)^2$

하지만 다 끝난 게 아니에요. 원래대로 돌려놓아야죠.

$(A+2)^2=(x+1+2)^2$
$=(x+3)^2$
자! 인수분해가 됐군요.

치환을 이용한 또 다른 내용에 대하여 알아보겠습니다.

자연수 중에서 여러분들이 생각하고 있는 네 개의 연속된 자연수를 선택하세요.

"3, 4, 5, 6요"

네 개의 숫자를 곱한 후 마지막에 1을 더해 보세요. 얼마입니까?

"$3 \times 4 \times 5 \times 6 + 1 = 361$인데요."

이번에는 선숙이가 연속한 수를 곱하고 마지막에 1을 더해 보세요.
"$1, 2, 3, 4$를 택하면 $1 \times 2 \times 3 \times 4 + 1 = 25$가 돼요."

가장 쉬운 숫자를 선택했군요!
여기에서 나온 결과를 갖고 공통적인 사실을 찾아보세요!
바로 25와 361이 완전제곱수라는 것입니다. 다른 자연수를 선택해 봐도 같은 결과가 나올 것입니다. 물론 숫자가 클 수도 있고 작을 수도 있습니다.

수를 이용하여 완전제곱수로 표현이 가능한 것입니다. 앞에서 배운 완전제곱의 인수분해와 같죠?

이번에는 임의의 자연수 n을 선택하여 알아볼까요?
자연수 n을 시작으로 연속한 네 자연수의 곱과 1을 더하면 $n(n+1)(n+2)(n+3)+1$이 됩니다.

이것을 앞에서 배운 것과 같이 공통인수가 보이도록 정리해 보면 아래와 같습니다.

$$n(n+3)(n+1)(n+2)+1$$
$$=\{n(n+3)\}\{(n+1)(n+2)\}+1$$
$$=(n^2+3n)(n^2+3n+2)+1$$

여기에서 공통인수 $n^2+3n=\text{A}$로 치환하여 정리하면 어떻게 되는지 민서가 대답해 보세요.

"$\text{A}(\text{A}+2)+1=\text{A}^2+2\text{A}+1=(\text{A}+1)^2$입니다."

맞습니다. 그런데 여기가 끝이 아니라는 것은 모두 알고 있죠?

다시 치환된 A를 n^2+3n으로 원래대로 정리하면 다음과 같습니다.

$$(n^2+3n+1)^2$$

네 개의 연속한 자연수 중에서 가장 작은 수를 n이라 할 때, 어느 경우든 완전제곱수로 나타낼 수 있답니다. 앞에서 해 본

$1, 2, 3, 4$의 곱에 1을 더한 값인 $25 = 5^2$이나 $3, 4, 5, 6$의 곱에 1을 더한 값인 $361 = 19^2$도 간단한 완전제곱수로 나타낼 수 있는 공식이 탄생한 것입니다.

이렇게 연속된 네 자연수의 곱에 1을 더하면 항상 완전제곱수가 됩니다.

지금 우리는 연속한 네 자연수의 곱에 1을 더하면 완전제곱수가 됨을 증명한 것입니다. 여러분들도 도전해 보세요! 수학에서의 증명이 그리 어렵지는 않습니다.

내림차순 정리

아파트의 우편함은 어떻게 구성되어 있을까요? 1층부터 차례대로 있을까요? 아니면 순서를 무시하고 있을까요?

학교에서 학생들의 번호는 어떻게 만들어 졌을까요?

키 순서일까요? 아니면 가나다 순서? 아니면 생년월일 순서? 순서 없이 아무나?

스포츠 경기를 하는 축구, 농구, 럭비, 아이스하키 선수들의 무늬 색깔은 서로 같은 색일까요? 아니면 상대 팀과 다른 색일까요?

당연히 다른 색이겠죠? 그래야 경기 중에도 같은 팀과 다른 팀을 구분할 수 있으니까요!

위와 같은 상황의 공통점은 누구나 편리한 방법을 선택한다는 것입니다. 아파트의 우편함은 주민들 누구나 쉽게 알아볼 수 있는 순서로, 학생들의 번호는 가나다 순서로, 스포츠 게임의 선수들은 각 팀에서 선택한 색깔의 옷을 입고 경기에 출전합니다.

이와 같이 사람들이 좀 더 편리하게 생활하기 위해서 여러 규칙을 정하듯이 복잡한 다항식에서도 좀 더 편리하게 인수분해를 하기 위해 복잡한 다항식을 간단하게 정리하는 규칙이 있답니다. 함께 살펴봅시다.

다항식 $2x-3x^2+1$을 인수분해 하려면 어떻게 해야 할까요?

"$2x-3x^2+1$을 $-3x^2+2x+1$로 정리한 후 인수분해 하면 되지 않을까요? 이렇게 돼요.

$$-3x^2+2x+1=(-3x-1)(x-1)=-(3x+1)(x-1)"$$

지금 선미가 했던 $2x-3x^2+1$을 $-3x^2+2x+1$로 정리한 것을 내림차순으로 정리한다고 합니다.

즉, 다항식에서 어떤 문자를 차수가 높은 항부터 낮은 항의 순서로 나열하는 것을 그 문자에 대하여 내림차순으로 정리한다고 합니다. 또 차수가 낮은 항부터 높은 항의 순서로 나열하는 것을 그 문자에 대하여 오름차순으로 정리한다고 합니다. 이와 같은 사실은 컴퓨터 프로그램에도 사용됩니다.

엑셀

바로 엑셀이라는 프로그램에서 데이터를 정렬할 때 내림차순, 오름차순이 데이터의 정렬에서 나옵니다.

복잡한 다항식일수록 오름차순이나 내림차순으로 정리한 후 인수분해 하면 쉽게 할 수 있습니다.

다항식에서는 대부분 오름차순보다 내림차순을 많이 사용하기 때문에 내림차순에 대하여 정리해 보겠습니다.

$x+x^2-1+x^3$ 을 x에 관한 내림차순으로 정리하면 x^3+x^2+x-1이 됩니다. 오름차순은 반대가 되겠죠.

이번에는 $xy^2+2x^2+y^3+x^3y$를 x에 관한 내림차순으로 정리하면 어떻게 되는지 종택이가 대답해 볼까요?

"선생님, 왜 저한테는 어려운 걸 질문하세요?"

어렵지 않아요. 자, 차근차근 풀어 보면 됩니다.

x와 y로 구성된 경우의 다항식은 x에 관한 내림차순으로 정리하여 차수가 높은 순서대로 나열하면 됩니다.

$$xy^2 + 2x^2 + y^3 + x^3y = yx^3 + 2x^2 + y^2x + y^3$$

만약 x에 관한 내림차순이 아닌 y에 관한 내림차순으로 정리하면 어떻게 나열할 수 있겠죠? 이번에 종택이가 아까 대답 못한 것에 대한 만회를 해보세요.

"x 대신에 y를 내림차순으로 하는 거니까 이렇게 돼요. $xy^2 + 2x^2 + y^3 + x^3y = y^3 + xy^2 + x^3y + 2x^2$."

아주 잘했어요. 이제는 종택이도 내림차순을 잘할 수 있겠죠?

내림차순이든 오름차순이든 어떤 문자에 대한 오름차순인지 혹은 내림차순인지 알아야 합니다.

이와 같이 복잡한 다항식을 인수분해 하기 위한 첫 번째 조건은 바로 공통인수를 찾는 것입니다. 공통인수를 쉽게 찾기 위해 내림차순으로 정리한 후에 다시 인수분해를 합니다.

엉켜 있는 실타래를 풀 때는 쉽게 풀 수 있는 실을 선택한 후 차근차근 풀듯이 인수분해도 내림차순으로 정리한 후 차근차근 인수분해 한다면 쉽게 해결되리라 생각합니다.

❶ 여러 가지 복잡한 다항식은 내림차순으로 정리하여 인수분해 합니다.

❷ 다항식에서 공통된 식이 있는 경우에는 공통된 식을 치환하여 인수분해 합니다.

❸ 내림차순으로 정리하는 방법을 실생활에도 적용시켜 봅니다.

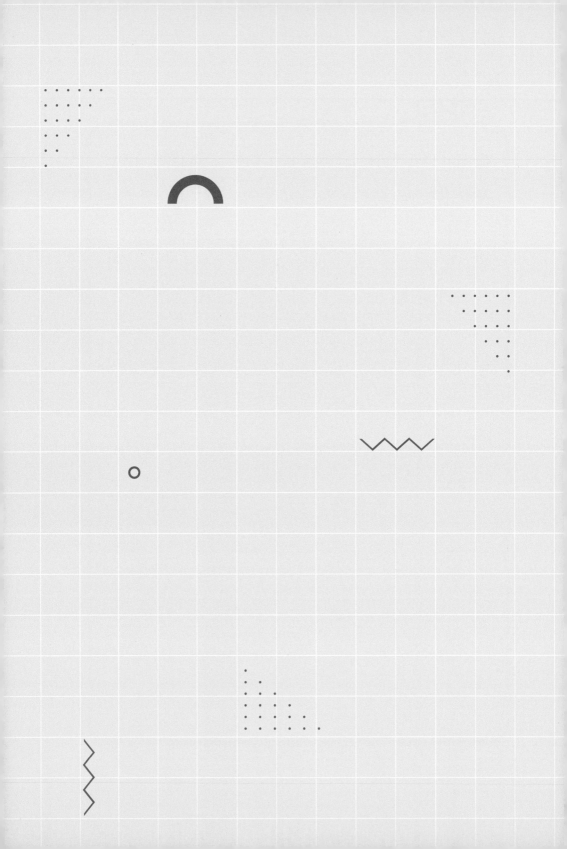

세 항 이상의 완전제곱식과 고차식의 인수분해

삼차·사차식은 어떤 방식으로 인수분해 할까요?
세 항 이상의 완전제곱식을 이용하여 인수분해 해 봅시다.

1. 세 항 이상의 완전제곱식에 대해 알 수 있습니다.
2. 삼차식의 인수분해에 대해 알 수 있습니다.
3. 사차식의 인수분해에 대해 알 수 있습니다.

미리 알면 좋아요

1. 복이차식 x에 대한 사차식에서 $x^2 = \text{X}$로 치환하여 X의 이차식으로 만든 식을 말합니다. 이런 사차식을 복이차식이라고 합니다.

예를 들어, x에 대한 4차식 $x^4 - x^2 - 2$에서 $x^2 = \text{X}$로 치환하면 $\text{X}^2 - \text{X} - 2$로 X의 2차식이 됩니다. 이와 같은 식을 복이차식이라고 합니다.

아벨의
여섯 번째 수업

오늘은 인수분해 공식③인 세 항 이상의 완전제곱식, 삼차식 이상의 공식에 대하여 알아보겠습니다.

세 항 이상의 완전제곱식

이번에는 한 변의 길이가 각각 a, b, c인 정사각형 색종이 두 변의 곱이 각각 ab, bc, ac인 직사각형 모양의 색종이 2장씩, 모두 9장의 사각형 모양 색종이를 모두 합하면 어떤 모양의 사각형_{정사각형 또는 직사각형}이 만들어질지 색종이를 이용해서 만들어 볼까요? 앞에서 언급한 칠교놀이와 같이 만들면 되겠죠? 어떻게 배열하여 맞추면 될까요?

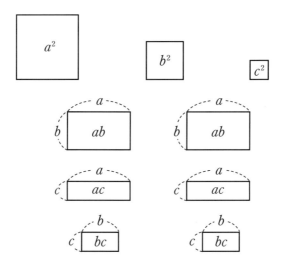

여러 가지 모양 중에서 넓이를 구하기에 가장 좋은 정사각형을 만들어 볼까요? 그 이유는 앞에서도 언급했듯이 한 변 길이의 제곱이 넓이가 되기 때문이죠! 많은 시간이 걸리더라도 인내와 끈기를 갖고 도전해 보면 오른쪽과 같은 정사각형이 됩니다.

이제 정사각형의 한 변의 길이가 얼마인지 아는 사람?

"한 변의 길이는 $a+b+c$입니다."

좋아요. 그렇다면 넓이는 어떻게 될까요?

"넓이는 한 변의 길이의 제곱이므로 $(a+b+c)^2$입니다."

그렇습니다. 정사각형의 넓이는 한 변의 길이만 알고 있다면 쉽게 구할 수 있을 겁니다.

따라서 다항식 $a^2+b^2+c^2+2ab+2bc+2ca$는 아래와 같이 인수분해할 수 있습니다.

$$a^2+b^2+c^2+2ab+2bc+2ca=(a+b+c)^2$$

또한 다항식 $a^2+b^2+c^2+2ab+2bc+2ca$는 앞에서 배운 공통인수를 이용한 인수분해를 활용하여 구할 수도 있습니다.

우선 다항식을 a에 관한 내림차순으로 정리하여 인수분해해 볼까요? 다항식 $a^2+b^2+c^2+2ab+2bc+2ca$를 정리하여 인수분해 하면 아래와 같습니다.

$$a^2+b^2+c^2+2ab+2bc+2ca$$
$$=a^2+2ab+2ac+b^2+2bc+c^2$$
$$=a^2+2(b+c)a+(b+c)^2$$
$$=(a+b+c)^2$$

a에 관한 내림차순으로 정리한 후 공통인수를 이용하여 정리하면 앞에서 배운 인수분해를 이용한 세 항의 완전제곱으로 인수분해 됩니다.

삼차식의 인수분해

삼차식의 인수분해는 정육면체를 이용하여 부피를 구하는 과정에서 찾아볼 수 있습니다. 다음 그림과 같이 작은 정육면체 모서리 2개를 합한 길이를 a라 하고, 작은 정육면체 모서리 3개를 합한 길이를 b라 할 때, 4가지 색깔의 부피를 모두 합한 부피를 구해 볼까요?

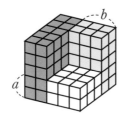

전체 부피를 구하기 위하여 먼저 색깔별로 부피를 구해 봅시다.

파란색으로 이루어진 육면체의 부피는 가로가 a이고, 세로와 높이가 $a+b$이므로 $a(a+b)^2$입니다. 하늘색으로 이루어진 육면체의 부피는 가로가 b이고, 세로가 a, 높이가 $a+b$이므로 $ab(a+b)$입니다. 흰색으로 이루어진 육면체의 부피는 가로와 세로가 b이고, 높이가 a이므로 ab^2입니다. 분홍색으로 이루어진 정육면체의 부피는 가로, 세로, 높이가 모두 b이므로 b^3입니다.

따라서 4가지 색깔의 육면체 모양을 모두 합하면 부피는 어떻게 되는지 식으로 나타내 볼까요?

파란색, 하늘색, 흰색, 분홍색으로 이루어진 육면체의 부피를 모두 더하면 다음과 같습니다.

$$a(a+b)^2+ab(a+b)+ab^2+b^3$$

이 다항식이 4가지 색깔의 육면체들을 모두 합한 부피겠죠?
이 다항식을 전개하여 a에 관한 내림차순으로 정리해 봅시다.

$$a(a+b)^2+ab(a+b)+ab^2+b^3=a^3+3a^2b+3ab^2+b^3$$

따라서 모든 정육면체들을 합한 부피는 $a^3+3a^2b+3ab^2+b^3$
이라고 할 수 있습니다.

이번에는 처음 그림에서 보여 준 4가지 색깔의 육면체를 모
두 합하여 새로운 정육면체의 모양으로 만들어 부피를 구해 봅
시다. 어떠한 정육면체의 모양이 나올까요? 4개를 끼워 맞추니
다음의 그림처럼 나왔네요.

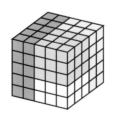

그렇다면 재진이는 위 정육면체에서 한 면의 모서리 길이가
얼마라고 생각합니까?

"작은 정육면체 2개의 모서리의 길이는 a이고, 정육면체 3개
의 모서리의 길이는 b이므로 위 정육면체의 한 면의 모서리의
길이는 $a+b$입니다."

그렇다면 부피는 얼마입니까?

"한 면의 모서리의 길이가 $a+b$인 정육면체이므로 부피는

$(a+b)^3$입니다."

위 정육면체의 부피는 $(a+b)^3$이므로 처음 4가지 색깔의 육면체들의 모든 합과 같으므로 간단한 다항식으로 표현하면 아래와 같습니다.

$$a(a+b)^2+ab(a+b)+ab^2+b^3=a^3+3a^2b+3ab^2+b^3$$
$$=(a+b)^3$$

결국 다항식 $a(a+b)^2+ab(a+b)+ab^2+b^3$은 $(a+b)^3$로 인수분해 됨을 알 수 있겠죠?

삼차식의 인수분해도 다음과 같이 가능함을 알 수 있습니다.

$$a^3+3a^2b+3ab^2+b^3=(a+b)^3$$
$$a^3-3a^2b+3ab^2-b^3=a^3+3a^2(-b)+3a(-b)^2+(-b)^3$$
$$=\{a+(-b)\}^3$$
$$=(a-b)^3$$

아래 그림과 같이 흰색의 작은 정육면체 모서리 2개를 합한 길이를 a라 하고, 분홍색의 작은 정육면체 모서리 3개를 합한 길이를 b라 할 때, 두 색깔을 모두 합한 부피를 구해 볼까요?

전체 부피를 구하기 위하여 먼저 색깔별로 부피를 구해 봅시다. 흰색으로 이루어진 정육면체의 부피는 가로, 세로, 높이가 모두 a이므로 a^3입니다. 회색으로 이루어진 정육면체의 부피는 가로, 세로, 높이가 모두 b이므로 b^3입니다.

따라서 2가지 색깔의 정육면체 모양을 모두 합하면 부피는 a^3+b^3입니다. 흰색 정육면체에서 한 모서리의 길이가 a이고, 분홍색 정육면체에서 한 모서리의 길이가 b이므로 흰색과 분홍색의 합으로 이루어진 정육면체의 부피를 구하기 위해 다음처럼 파란색, 하늘색, 분홍색, 흰색, 노란색으로 한 변의 모서리의 길이가 $a+b$인 정육면체를 만듭니다.

한 변의 모서리의 길이가 $a+b$인 정육면체에서 부피가 모두 같은 파란색, 하늘색, 노란색으로 이루어진 직육면체의 부피를 빼주면 됩니다.

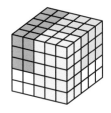

재호가 파란색의 부피를 구해 볼까요?

"가로, 세로, 높이가 각각 a, $(a+b)$, b이므로 부피는 $ab(a+b)$입니다."

맞습니다. 그런데 파란색, 하늘색, 노란색의 부피가 모두 같으므로 세 가지 색으로 구성된 부분의 부피는 $3ab(a+b)$입니다.

이제 흰색과 분홍색의 합의 부피를 구해 볼까요?

"한 변의 길이가 $a+b$인 정육면체의 부피 $(a+b)^3$에서 $3ab(a+b)$을 뺀 식 $(a+b)^3-3ab(a+b)$입니다."

정답입니다. 따라서 아래와 같이 인수분해 됩니다.

$$a^3+b^3=(a+b)^3-3ab(a+b)$$
$$=(a+b)(a^2-ab+b^2)$$

또한 $a^3 - b^3 = (a-b)(a^2+ab+b^2)$도 성립하게 됩니다.

사차식복이차식의 인수분해

돼지 저금통에 있는 동전의 총금액을 알려면 어떻게 할까요? 10원, 50원, 100원, 500원짜리 동전을 분류한 후 은행에 가면 기계를 이용하여 쉽게 알 수 있지요. 하지만 가정에서는 일반적으로 10원짜리, 50원짜리, 100원짜리, 500원짜리 동전을 각각 10개씩 쌓아 놓고 계산하여 총금액을 알아내곤 합니다. 동전뿐 아니라 지폐의 경우에도 같은 금액끼리 모아 계산하여 총금액을 알아냅니다. 이렇게 하는 이유는 여러 종류의 동전이나 지폐의 구성을 단순하게 하면 계산하기 쉽기 때문입니다.

다항식에서 차수가 높은 다항식의 인수분해는 어떻게 하면 될까요?

위에서 말한 돈 계산처럼 단순화할 수 있는지 예를 들어 알아보겠습니다.

다항식 $x^4 - 5x^2 + 4$를 복이차식이라고 합니다.

이와 같은 다항식을 인수분해 할 수 있을까요? 어떻게 해야 될 까요? 단순화해 볼까요? 단순화하는 것을 치환이라고 합니다.

치환하면 쉽게 해결할 수 있습니다.

바로 $x^2 = \mathrm{X}$로 치환하는 것입니다.

$x^4 - 5x^2 + 4$? 선생님! 다항식에 네제곱까지 있어요.

지난 시간에 다른 것으로 바꾸는 것을 치환이라고 했죠? 치환을 해서 단순화하면 됩니다.

$x^2 = \mathrm{X}$로 치환해 보도록 하죠.

$x^2 = \mathrm{X}$로 치환하면 $\mathrm{X}^2 - 5\mathrm{X} + 4$예요.

이런 다항식을 복이차식이라고 합니다.

치환된 다항식을 재진이가 대답해 볼까요?

"X^2-5X+4입니다."

잘했어요. 그렇다면 인수분해까지 부탁해요.

$$X^2-5X+4=(X-4)(X-1)$$
$$=(x^2-4)(x^2-1)$$
$$=(x-2)(x+2)(x-1)(x+1)$$입니다."

잘했어요. 이제는 복이차식의 인수분해를 치환하여 이차식으로 나타낼 수 있는 경우에는 이차식의 인수분해 공식을 이용하면 쉽게 인수분해 할 수 있을 겁니다.

파스칼의 삼각형

다음 삼각형 형태의 그림은 무엇을 나타낸 것일까요?

'파스칼의 삼각형'이라는 것인데 프랑스의 수학자이면서 철학자인 파스칼의 이름을 따서 부르게 되었다고 합니다.

삼각형 모양을 이루고 있는 자연수의 숫자는 각 항의 계수를 나타낸 것입니다.

예를 들어 다음의 그림은 여러 다항식의 계수를 나타낸 것입니다.

다항식 $a+b$에서 a, b 각각의 계수인 $1, 1$

$(a+b)^2$의 전개식인 다항식 $a^2+2ab+b^2$에서 각각의 계수인 $1, 2, 1$

$(a+b)^3$의 전개식인 다항식 $a^3+3a^2b+3ab^2+b^3$에서 각각의 계수인 $1, 3, 3, 1$

$$
\begin{array}{ccccccc}
 & & & 1 & & & \\
 & & 1 & & 1 & & \cdots\cdots\cdots\cdots (a+b) \\
 & 1 & & 2 & & 1 & \cdots\cdots\cdots\cdots (a+b)^2 \\
1 & & 3 & & 3 & & 1 \cdots\cdots\cdots (a+b)^3 \\
\end{array}
$$

$$\quad 1 \quad 4 \quad 6 \quad 4 \quad 1 \cdots\cdots (a+b)^4$$
$$1 \quad 5 \quad 10 \quad 10 \quad 5 \quad 1 \cdots (a+b)^5$$
$$\vdots$$

파스칼의 삼각형 모양일 때도 쉽게 인수분해 할 수 있겠죠?

현재 전 세계에서 통용되는 '공개키 암호'는 매우 큰 수의 인수분해를 기본 원리로 하고 있다고 합니다. 수십 자릿수의 소수 2개를 곱해 만든 아주 큰 자연수가 공개키가 되어, 이를 사용해 메시지를 암호문으로 만드는 것을 공개키 암호라고 합니다. 이렇게 한 번 만들어진 암호문은 처음의 소수를 알아야만

메시지로 변환할 수 있어서 공개키 암호는 신용카드, 은행예금 인출, 이메일 송수신, 휴대폰 사용뿐만 아니라 기업이나 국방외교의 기밀을 보장하는데 유용하게 쓰이고 있다고 합니다.

❶ 다항식 $a^2+b^2+c^2+2ab+2bc+2ca$는 세 항 이상의 완전 제곱식인 $(a+b+c)^2$으로 인수분해 됩니다.

❷ 삼차다항식 $a^3+3a^2b+3ab^2+b^3$은 $(a+b)^3$으로 인수분해 됩니다.

❸ 삼차다항식 $a^3-3a^2b+3ab^2-b^3$은 $(a-b)^3$으로 인수분해 됩니다.

❹ 복이차식인 사차식의 다항식은 x^2을 치환하여 인수분해 합니다.

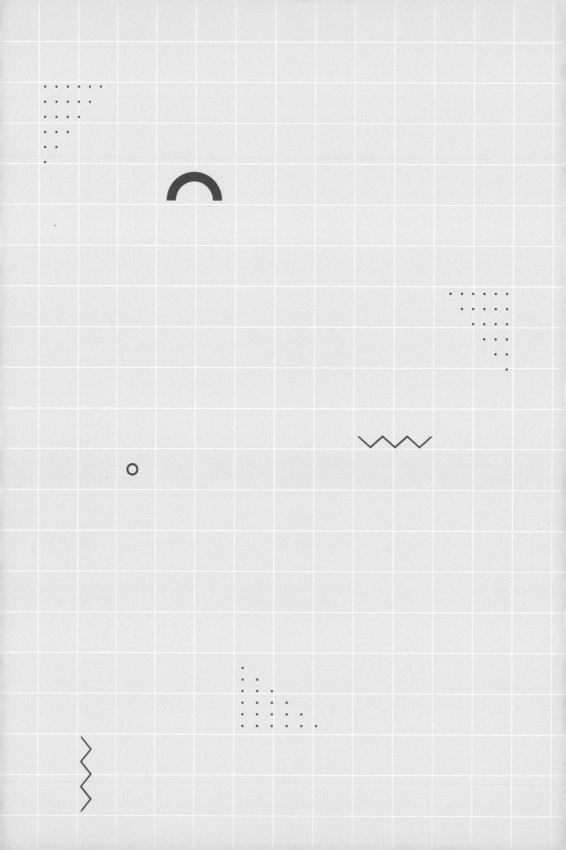

7교시

인수분해의
활용

실생활에서 인수분해를 활용하여 봅시다.

1. 인수분해 공식을 이용하여 실생활의 문제를 해결할 수 있습니다.

미리 알면 좋아요

1. 패시비티 존passivity zone 레슬링 경기에서 원형 경기장의 바깥쪽 폭 1m 의 붉은색으로 되어 있는 지역 선수들의 소극적인 동작을 금지시키는 매트 위의 영역이다.

예를 들어, TV에서 레슬링 경기를 중계할 때, 원 모양의 매트 위에서 선수들끼리 경기를 하다가 선수들이 일부 영역에 들어가면 심판이 신호를 보내 경기를 중단시키는 경우가 종종 있습니다. 그 이유는 패시비티 존passivity zone 영역에 선수들이 침범했기 때문입니다. 여러 스포츠 경기에서 이와 같은 영역이나 경계선이 많이 있겠죠?

아벨의
일곱 번째 수업

오늘은 인수분해의 응용에 대하여 알아보겠습니다.

인수분해 공식의 활용 1

인수분해 공식이 얼마나 실생활에 많이 사용되고 있는지 알아보도록 하겠습니다. 다음 문제를 해결해 봅시다.

원 모양의 매트 위에서 하는 레슬링 경기를 하다 보면 선수들이 일부 영역에 들어가면 심판이 경기를 중단시키는 경우가 종종 있습니다. 바로 이 영역이 소극적인 동작을 금지시키는 영역ㅡ패시비티 존passivity zone인데 이 패시비티 존 부분의 넓이를 구해 보도록 하겠습니다.

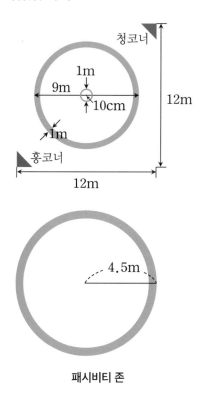

패시비티 존

레슬링 매트는 한 변의 길이가 12m인 정사각형 모양 위에 지름이 9m인 원으로 구성되었습니다. 그리고 파란색실제 레슬링 매트에서는 붉은색 부분인 패시비티 존은 바깥쪽 가장자리에 폭이 1m인 원으로 구성되어 있습니다.

이 패시비티 존의 넓이를 구하려면 원의 전체 넓이에서 경기를 주로 하게 되는 가운데 부분의 넓이를 빼면 됩니다.

경기장은 반지름이 4.5m이므로 경기장 원의 전체 넓이는

$\pi r^2 = \pi(4.5)^2 \text{m}^2$입니다.

여기에서 1m를 제외한 원의 넓이는 $\pi r^2 = \pi(3.5)^2 \text{m}^2$이므로 패시비티 존의 넓이 S는 다음과 같습니다.

$$S = \pi(4.5)^2 - \pi(3.5)^2$$
$$= \pi(4.5^2 - 3.5^2)$$
$$= \pi(4.5 + 3.5)(4.5 - 3.5)$$
$$= 8\pi$$

이 부분이 전체 넓이 중 얼마만큼 차지하고 있는지, 혹은 어느 정도의 크기에서 경기를 해야 적당한지 등을 종합적으로 판단하는 데 많은 도움을 주리라 생각됩니다. 이와 같이 문제를 해결할 때 인수분해 공식을 활용할 수 있습니다.

인수분해 공식의 활용 2

이번에는 새로운 문제를 제시하겠습니다.

$\dfrac{1004^3 + 1}{1004^2 - 1004 + 1}$의 값은 얼마일까요?

여러분들도 계산하고 있겠죠? 그럼 여러분을 믿고 나랑 같이 풀어 봅시다.

자릿수가 많고 숫자가 커서 구하기 힘들다면 인수분해를 활용하여 해결해 보세요.

$\dfrac{1004^3+1}{1004^2-1004+1}$의 값은 아래와 같습니다.

$$\dfrac{1004^3+1}{1004^2-1004+1} = \dfrac{(1004+1)(1004^2-1004+1)}{1004^2-1004+1}$$
$$= 1005$$

이 문제는 대학 수학 능력 시험에도 출제되었던 문제입니다.

이와 같이 인수분해 공식의 활용으로 어려워 보이는 문제도 쉽게 해결할 수 있습니다.

인수분해 공식의 활용 3

이번에는 다음 그림과 같이 한 변의 길이가 1인 정사각형들의 합의 넓이가 직사각형의 넓이와 같음을 나타낸 것입니다.

여기에도 인수분해 공식이 활용됨을 알 수 있습니다.

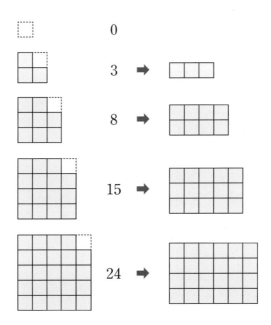

첫 번째 점선으로 된 부분의 넓이는 존재하지 않고, 두 번째 정사각형 3개를 합한 면적은 가로가 3이고 세로가 1인 직사각형의 넓이인 3과 같습니다.

같은 방법으로 정사각형 8개를 합한 면적은 가로와 세로가 각각 4, 2이고 면적이 8인 직사각형 모양이며, 정사각형 15개의 면적은 가로, 세로가 각각 5와 3인 직사각형의 넓이와 같습니다. 많은 정사각형으로 이루어진 경우의 면적을 구하기란 쉽지 않겠죠?

위의 과정을 인수분해를 이용하여 해결하는 방법을 알아보도록 하겠습니다.

앞의 첫 번째 그림처럼 면적이 0인 경우에는 면적이 0입니다.

두 번째 그림처럼 면적이 3인 경우에는 한 변의 길이가 2인 정사각형의 면적에서 1을 뺀 값이 면적입니다.

이것을 식으로 나타내면

두 번째 그림은 $2^2 - 1 = 3$

세 번째 그림은 $3^2 - 1 = 8$

네 번째 그림은 $4^2 - 1 = 15$

다섯 번째 그림은 $5^2 - 1 = 24$

$\vdots$

백 번째 그림의 면적은 어떤 값이 될지 재호가 대답해 볼까요?

"$100^2 - 1 = 9999$입니다."

위에서 언급한 내용을 바탕으로 백 번째의 면적이 9999라는 것을 알 수 있습니다. 여기에 인수분해 공식이 적용됨을 알아 볼까요?

$$2^2 - 1 = (2+1)(2-1) = 3 \times 1 = 3$$
$$3^2 - 1 = (3+1)(3-1) = 4 \times 2 = 8$$
$$4^2 - 1 = (4+1)(4-1) = 5 \times 3 = 15$$
$$5^2 - 1 = (5+1)(5-1) = 6 \times 4 = 24$$
$$\vdots$$
$$100^2 - 1 = (100+1)(100-1) = 101 \times 99 = 9999$$

위의 다항식을 인수분해 하여 계산하는 과정을 통하여 어떤 모양의 면적이라도 구할 수 있겠죠? 특히 정사각형의 모양으로 만들어 놓은 후 인수분해 하면 쉽게 계산할 수 있습니다. 어디 에 활용할지 생각해 보세요!

인수분해 공식의 활용 4

다음 그림처럼 한 변의 길이가 10인 마름모 모양의 정사각형에서 한 변의 길이가 2인 정사각형 모양을 잘라 내면 면적은 얼마가 되는지 인수분해를 활용하여 구해 볼까요?

한 변의 길이가 10인 정사각형 면적에서 한 변의 길이가 2인 정사각형의 면적을 빼면 되므로 다음과 같습니다.

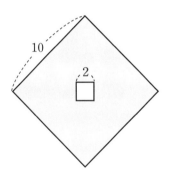

$$10^2 - 2^2 = (10+2)(10-2)$$
$$= 12 \times 8 = 96$$

이와 같은 모양의 액자도 만들 수 있고, 공원의 분수대도 만들 수 있습니다.

이와 같이 간단한 식과 인수분해로 문제를 해결할 수 있습니다. 이렇게 인수분해는 우리 생활에 유용하게 사용될 때가 많습니다. 지금까지 배운 인수분해를 활용할 때는 아벨 선생님을 꼭 기억해 주기 바랍니다. 그리고 좀 더 깊이 있게 배우게 될 인수분해 2를 기대해 주세요! 인수분해 2에서는 나눗셈, 항등식, 나머지정리, 인수정리, 유리식, 부분분수 등과 같은 내용을 다룰 예정입니다.

❶ 인수분해 공식을 실생활에 적용합니다.

❷ 여러 도형의 넓이를 인수분해 공식을 이용하여 구할 수 있습니다.

아벨이 들려주는 인수분해 1 이야기

연산으로 다듬은 조각 인수

ⓒ 정규성, 2008

2판 1쇄 인쇄일 | 2024년 7월 26일
2판 1쇄 발행일 | 2024년 7월 31일

지은이 | 정규성
펴낸이 | 정은영
펴낸곳 | (주)자음과모음

출판등록 | 2001년 11월 28일 제2001-000259호
주소 | 10881 경기도 파주시 회동길 325-20
전화 | 편집부 (02)324-2347, 경영지원부 (02)325-6047
팩스 | 편집부 (02)324-2348, 경영지원부 (02)2648-1311
e-mail | jamoteen@jamobook.com

ISBN 978-89-544-5091-1 (43410)